GNSS 多频精密单点定位及模糊度固定算法

王进　李芳馨　涂锐　张鹏飞　编著

中南大学出版社
www.csupress.com.cn
·长沙·

Foreword 前言

　　本书是在编者博士论文基础上，结合作者主持的国家自然科学基金项目（42204032）和山东省自然科学基金项目（ZR2022QD015）的研究，针对全球卫星导航中的精密单点定位（PPP）技术所面临的诸多问题进行分析，着重解决当前多系统多频率现实情况下的快速高精度定位问题，并对 PPP 技术的定位模型精化和电离层大气环境建模应用进行探讨。本书对 PPP 技术的模糊度固定问题，进行相位偏差本质的理论分析，构建兼容的多频多系统 PPP 定位模型，然后针对定位模型中接收机端的偏差进行分析，提出顾及接收机码偏差的 PPP 改进模型，并将基于模糊度固定的 PPP 模型用于电离层大气建模分析，为实现全球区域的快速定位与高精度的电离层大气建模提供了服务。

　　本书第 1 章主要阐述了 PPP 技术研究背景及意义，从非组合 PPP 模型、单系统模糊度固定技术及多频多系统的模糊度固定技术三个方面总结了相应的国内外研究现状，并对目前 PPP 技术存在的问题进行分析。第 2 章介绍了 PPP 技术的基本理论和方法，包含基本的误差处理模型、观测值组合、数据预处理方法、参数估计及模糊度固定的常用方法等。第 3 章介绍了基于消电离层组合观测值的 PPP 模型、无电离层约束的非组合 PPP 模型和附加电离层约束的非组合 PPP 模型的 FCB 估计方法，通过理论分析和数据验证，证明了不同 PPP 模型估计 FCB 的等价性。第 4 章介绍了三频非组合 PPP 模型及三频 FCB 的估计，并通过试验进行三频模糊度固定性能的分析，以及多系统 FCB 的估计与模糊度固定，分析了多系统 PPP 模型中，系统间偏差的稳定性。第 5 章介绍了接收机码偏差的变化对 PPP 模糊度固定的影响，提出顾及接收机码偏差变化的非组合 PPP 模型。第 6 章介绍了基于非组合 PPP 模糊度固定解估计的电离层延迟信息精度，并且用于全球电离层建模和卫星 DCB 的估计。

本书的有关内容得到了大地测量专家杨元喜院士，长安大学张勤教授、黄观文教授，加拿大卡尔加里大学高扬院士的指导和帮助。编著者得到国家留学基金委资助，在卡尔加里大学进行 2 年博士联合培养，本书的出版得到国家自然科学基金项目（42204032）、山东省自然科学基金项目（ZR2022QD015）、海南省重点研发项目（ZDYF2024GXJS289）的联合资助，在此深表感谢。

由于作者水平有限，书中错误、疏漏之处在所难免，敬请读者批评指正。

编　者

2025 年 3 月

Contents 目 录

第1章

绪 论

　　精密单点定位(precise point positioning，PPP)是在全球导航卫星系统下实现单接收机高精度定位的革命性技术，其独特的技术优势为人们提供了快速高精度的时空信息。随着 GNSS 的发展，PPP 技术数据处理中需要面对越来越多的挑战，以提供更高精度、更加稳定的导航定位服务。本章简要回顾了 GNSS 及 PPP 技术的发展，重点阐述了 PPP 技术中非组合模型、单系统和多频多系统模糊度固定技术的发展及研究现状，并对目前面临的主要问题和挑战进行了分析，进而提出了本书的主要研究内容和研究意义。

1.1 研究背景及意义

　　全球导航卫星系统(global navigation satellite system，GNSS)在大地测量领域里扮演了重要的角色。从全球参考框架的建立与维持[1-4]、地壳板块运动监测[5]到区域高等级控制网布设[6]、城市差分连续运行参考站系统运行乃至小范围内的地质灾害和建筑物变形监测[7-10]、施工放样等，GNSS 发挥了重要的作用。

　　PPP 利用 GNSS 实现广域高精度定位，成为差分相对定位技术之后的革命性技术。PPP 技术仅采用一台接收机的伪距和载波相位观测值，利用精密卫星轨道钟差产品，精确改正各项误差，进行非差解算，获得国际地球参考框架(ITRF)下的高精度绝对坐标[11-16]。在用户端，其无须设置基准站，作业范围不受距离限制，因此作业时机动灵活、成本较低，并且获取的是高精度的绝对坐标。PPP 技术改变了以往只能通过多站差分定位模式提供高精度定位结果的现状，弥补了相对定位中 RTK 及网络 RTK 技术在广域范围内或通信条件困难地区难以实施的缺陷，为实现单站高精度静态或动态定位提供了解决方案。目前，PPP 技术已被广泛应用到低轨卫星的精密定位、GPS 气象、海陆空不同载体的高精度动态和静态定位、精密授时、GPS 地震学、地球板块运动与动力学研究等诸多地学研究及工程应用领域，具有重要的应用价值[17-25]。

随着现代社会的发展，在自动驾驶、智慧交通管理、灾害监测等应用中，对高精度和高可靠性的定位服务有着较高的要求，而多频多模 GNSS 的应用为实现高精度、高可靠性、高可用性的位置服务提供了更多可能。美国 GPS 和俄罗斯 GLONASS 首先实现了全球导航定位服务，欧洲的 Galileo 和中国的 BDS 也已建设完成并投入使用。随着四大卫星导航系统的建设与发展，其导航、定位和授时服务在军事和民用等领域发挥了重要作用。同时，GPS 率先开启了三频导航定位新时代，为此，其余三大卫星导航系统也加紧三频或多频体制的建设。目前，我国在轨的北斗二代卫星均能正常提供三频信号，持续发射的北斗三代卫星进一步改进了三频信号体制。Galileo 系统也逐步实现全球定位，并播发多频观测信号，与 BDS 一起成为真正实用的三频导航定位系统[2, 6]。根据研究[5]，三频或者多频 GNSS 在增强导航定位系统可靠性、提高导航定位精度和解算效率方面具备诸多优势。

多频多系统观测数据为 PPP 技术发展带来了更多的机遇与挑战。PPP 技术不像相对定位技术那样，可以通过差分处理，将特定的误差消除，从而实现高精度定位。因此，面对多频多模 GNSS 观测数据，PPP 技术需要处理的各种误差更多也更复杂。各种误差模型和改正信息的精度都会影响 PPP 技术的定位结果。在当前形势下，PPP 技术需要研究更加完善的理论和数据分析方法以处理多频多模观测数据。

PPP 技术目前已经发展成熟，而限制这一技术进一步应用的主要原因是过长的收敛时间。目前，PPP 技术需要 15~30 min 实现首次厘米级定位精度，这显然无法满足实时的应用需求[18]。非差模糊度固定技术是实现 PPP 快速提供稳定、可靠、高精度定位信息的关键技术之一[31]。非差模糊度不能直接快速固定的原因有两方面：一是原始站星之间非差观测值中的模糊度不具备整数特性，必须恢复模糊度的整数特性才能进行非差模糊度固定；二是 PPP 的各项误差不是通过差分进行消除的，轨道误差、卫星钟差、大气延迟等诸多误差的影响,以及短时间内观测卫星的几何构型变化缓慢,严重限制了模糊度的估计精度,无法实现模糊度快速固定。因此,要得到快速且高精度的非差定位解,不仅需要加快模糊度参数估计精度的收敛,也需要服务端估计相位小数偏差(fractional cycle bias, FCB),用于恢复模糊度的整数特性,进而得到模糊度整数固定定位解[24, 26-29]。

PPP 技术主要依赖外部服务端提供精密的误差改正产品,因此,服务端与用户端的兼容性是一个重要的问题。在用户端,传统的 PPP 技术采用消电离层组合消除电离层的一阶项误差,实现高精度定位。Ge(2008)基于传统的 PPP 模型,提出了利用宽巷和窄巷的 FCB 产品恢复模糊度的整数特性,从而实现模糊度固定[30]。2013—2018 年,基于原始观测数据的非组合 PPP 技术逐渐成为热点,并得到广泛的应用[31-36]。与此同时,非组合 PPP 的模糊度固定也是一个值得研究的重要问题。对于服务端来说,只能采用一种数学模型进行相位偏差的估计,因此,有必要严格确定服务端相位偏差产品在用户端不同 PPP 数学模型中的等价性应用。

多频观测数据为获取更多线性组合观测值提供了可能,但这也增加了 PPP 数据处理的难度。目前公布的卫星轨道和卫星钟差产品都是基于双频观测数据估计得到的,如果将双频的轨道钟差产品应用到更多频率的数据处理中去,则需要对其他频率与前两个频率之间的兼容性进行深入的研究和分析[37-40]。这些频率间的偏差对于相位偏差的估计和模糊度固定具有重要的意义。多系统组合定位技术也成为获取高精度定位结果的重要手段之一。四大卫星导航系统不同的星座结构设计、不同的信号频率设置及不同的时间和坐标基准设定在多系统导航定位中的差异都值得研究。由此,产生了系统间偏差(inter-system bias, ISB),需要深入分析其长期和短期的稳定特性,期望选择合适的随机模型进行参数估计,并同时实现多系统的模糊度固定。

除了卫星精密轨道和精密钟差产品,电离层延迟改正也是 PPP 技术中需要特别关注的误差项。在传统的方法中,直接利用载波和伪距无几何观测值提取电离层延迟,其精度容易受到伪距观测噪声和多路径的影响,而利用非组合 PPP 模型可以直接、精确地估计电离层延迟。目前,PPP 模糊度固定技术成为提高位置服务精度和可靠性的关键技术,同时,模糊度固定解也提高了其他非位置参数的估计精度。因此,PPP 模糊度固定技术可以精确估计电离层延迟,提高电离层延迟的建模精度。基于模糊度固定解,同样也可以用来深入研究接收机码偏差产品特性。因此，PPP 模糊度技术在大气参数和硬件延迟偏差研究中也扮演了重要的角色[41]。

1.2 国内外研究现状

1.2.1 非差非组合 PPP 技术

精密单点定位技术具有依靠单站获取绝对位置方面的优势，近些年来逐渐成为卫星导航定位领域的研究热点。国内外大量的研究学者和机构在精密单点定位技术的理论、方法、定位模型、精度评定和算法软件应用等方面做出了巨大的努力。

1997 年，美国喷气式推进实验室（jet propulsion laboratory，JPL）的 Zumberge 首次提出 PPP 概念，实现了水平毫米级、高程厘米级的定位精度[11]。随后，PPP 技术得到进一步的验证和发展[12, 42]。张小红基于 Trip 软件验证了精密单点定位动态精度可以达到几个厘米[43]。耿涛等（2007）基于 PANDA 软件，采用 IGS 超快速预报星历进行实时精密单点定位，得到全国范围内 10~20 cm 的实时定位服务精度[44]。卡尔加里大学的 Gao 等提出区别于传统的消电离层组合观测值的 UofC 模型，利用开发的 P³ 软件实现了静态毫米级、动态厘米级的定位精度[45]。

相比基于消电离层组合的传统 PPP 模型，利用原始观测数据的非组合 PPP 模型逐渐成为 GNSS 数据处理的热点。不同于传统模型利用消电离层组合观测值消除电离层的一阶项误差，非组合模型利用原始观测数据直接估计电离层延迟参数，同时避免了组合观测值噪声被放大的缺点。这一方法为大气参数提取以及精密数据处理提供了新思路。自从 Delft 大学的 Keshin 等首先验证了非组合 PPP 方法的可行性之后，国内外众多学者对单频或者多频的非组合 PPP 模型进行了深入的研究。New Brunswick 大学的 Rodrigo 在 GAPS 软件中实现非组合 PPP 方法，并用来研究电离层延迟、DCB、卫星钟差和伪距噪声的估计[46, 47]。张宝成进一步对非组合 PPP 方法的函数模型、随机过程、估计参数和算法进行了深入的研究，并将其应用到电离层延迟信息的提取和接收机 DCB 稳定性的研究中[48-50]。李博峰基于模糊度固定效率的考虑，论证了非组合模型与 UofC 模型具有等价关系，且都优于无电离层组合模型[32]。非组合 PPP 模型不仅保留了观测噪声小的优点，还可以直接估计电离层延迟信息，这极大地扩展了非组合模型在电离层延迟估计和接收机码偏差研究中的应用。

电离层误差作为 GNSS 导航、定位、授时应用中的一个重要误差，已经引起众多学者的注意并获得丰富的研究成果。在电离层活跃期，它对 GNSS 信号距离项上的误差为数十米。而非组合 PPP 模型可以直接估计高精度的电离层延迟信息，为电离层的建模和分析提供电离层观测值。因为电离层与频率相关的特性，电离层信息一般都是与接收机和卫星的 DCB 高度耦合。因此，DCB 的特性分析与估计算法同样与电离层建模密切相关。在传统的方法中，载波平滑伪距的无几何观测值被用来进行电离层观测值的提取。这种方法通过平滑滤波估计无几何模糊度，消除模糊度和伪距噪声的影响。然而，这种平滑方法的精度受观测时长和模糊度估计精度的影响，产生了较大的误差，称为平滑误差。基于非组合 PPP 模型，可以快速实时估计电离层延迟，为电离层建模提供了高精度的观测值。涂锐(2013)利用非组合 PPP 实时估计电离层延迟进行全球建模，实现 1~2 TECU 的电离层建模精度和 0.4 ns 的 DCB 估计精度[51]。在用传统方法估计电离层延迟观测值时，相位模糊度是最大的问题。Banville 提出固定模糊度的方法消除平滑误差，取得了良好的效果，并将其用于研究接收机的 DCB 变化[52]。尽管假设接收机的 DCB 为常量，但是已经有研究发现其随时间变化的幅度依然比较明显。Themens 等研究发现，接收机的 DCB 变化与太阳周期性变化无关，而与接收机设备是否接地有关[53]。在连续 2 h 观测时间内，接收机的 DCB 变化可达 6.5 ns[55]。利用非组合 PPP 方法求取电离层观测值，同样被用于提高卫星 DCB 的估计精度[56]。对于不同方法获取的电离层观测值精度，Xiang 等(2019)研究了基于消电离层模糊度和宽巷模糊度的传统方法、UofC 方法和非组合 PPP 方法求取电离层观测值的一致性，证明非组合方法在提取电离层观测值方面具有绝对的优势[57]。求得非组合模糊度固定解，将进一步提高 PPP 估计电离层延迟的精度。通过高精度估计的电离层延迟观测值，建立更加精确的电离层模型，为实时 PPP 的快速收敛和模糊度固定提供保证。因此，非组合 PPP 方法与电离层建模具有相辅相成的重要联系，对非组合 PPP 方法在大气参数估计与建模中的应用进行应该更加深入的研究。

1.2.2　单系统 PPP 模糊度固定技术

不论是基于消电离层组合的 PPP 模型、UofC 模型或非组合 PPP 模型,都要经过 15~30 min 的收敛时间才能达到较高精度。较长的收敛时间严重限制了 PPP 技术的实际应用,而模糊度固定解可以显著缩短收敛时间,得到稳定可靠的高精度定位结果。

自从利用宽巷和窄巷组合的单差相位偏差产品进行模糊度固定的技术被提出[58],近年来,许多非差精密单点定位模糊度固定的技术也陆续被提出。Gabor(1999)分析了利用星间单差方法提取相位小数偏差的可能性,证明了可以通过相位偏差改正恢复模糊度的整数特性。随着 GNSS 的发展以及全球 GPS 监测站的不断建设,IGS 公布的精密卫星轨道和钟差产品精度不断提高,Ge 等(2008)也提出直接利用卫星单差模糊度进行相位偏差估计的方法,称为基于 FCB 的方法[30]。对于一个单差卫星对,在一个共同观测的弧段内进行均值滤波估计求解得到相应的相位小数偏差;利用宽巷和窄巷组合的 FCB 改正相应的浮点模糊度,恢复其整数特性,从而固定为整数。结果表明,相比于浮点解,单天静态固定解在东方向的精度提升了 30%。Geng(2009)通过对 1 h 的数据进行研究,发现固定解可以实现水平 0.5 cm、高程 1.5 cm 的静态定位精度[59]。

不同于 FCB 方法,Laurichesse(2009)提出了一种基于整数卫星钟(integer-recovery clock,IRC)的方法,通过固定钟差估计中的模糊度,获得固定模糊度的包含相位偏差的卫星钟差产品,从而在用户端恢复模糊度的整数特性[60]。通过这种整数卫星钟差产品,得到静态模式下 30 min 左右和动态模式下 90 min 左右的非差模糊度的固定解,从而提高了定位精度。这一方法已经在其开源软件 PPP-Wizard 中实现(http://www.ppp-wizard.net/),并利用 CNES 的精密轨道钟差产品进行实时精密单点定位。基于此方法,Collins(2008)提出了解耦钟差(decoupled satellite clock,DSC)模型进行模糊度固定,分别获取基于伪距和基于相位的卫星钟差产品。模型中,模糊度不再受伪距码偏差的影响,通过将相位小数偏差与相位钟差融合,利用整数相位钟差恢复用户端的模糊度整数特性。其结果表明,同样可以经过大约 30 min 得到非差模糊度的固定解[61]。

上述三种方法已经被证明在理论和实验中得到的结果完全一致[62, 63]。通过以上分析,比较基于 FCB 的方法和基于整数卫星钟的 IRC 方法,它们的区别在于如何处理窄巷对应的相位偏差。在 FCB 方法中,窄巷 FCB 被作为单独的偏差从浮点模糊度中分离出来，而在 IRC 方法中，窄巷 FCB 在钟差估计中，通过固定整数模糊度从而被钟差参数吸收，由此估计得到能够恢复模糊度整数特性的钟差产品。不同于 FCB 方法和 IRC 方法中宽巷相位偏差被当作常量估计，DSC 方法中，伪距钟和相位钟被分别估计，并且伪距码偏差的特性不用再基于常量特性的假设。当然，在实际应用中，基于 FCB 的方法被更多地采用，因为这一方法不需要单独重新估计卫星钟差产品，而且相比于整数卫星钟产品，FCB 产品 15~30 min 的解算间隔远远地降低了服务端的解算压力[27, 64-66]。

因此，基于 FCB 方法，许多研究学者做了更加深入的研究。Geng 等 (2012)提出了进一步提高窄巷相位偏差估计精度的方法[67]，通过固定参考网中的双差模糊度，进一步地提高单差模糊度的估计精度，从而提高了窄巷相位偏差的估计精度。这一方法在测站数较少的情况下更加有效。不同于 Ge 等 (2008)直接通过平均滤波的方法进行相位偏差估计，最小二乘方法被引入进行接收机端和卫星端相位偏差的估计与分离求解[68]。武汉大学已经开始向公众提供可下载的相位偏差产品(ftp://gnss.sgg.whu.edu.cn/)[69, 70]。Geng 等 (2019)基于整数卫星钟模型和 FCB 方法，提出了相位钟差与相位偏差模型，通过发布的相位钟差和相位偏差产品(ftp://igs.gnsswhu.cn/pub/whu/phasebias)，实现 PPP 的模糊度固定解[71]。

1.2.3　多频多系统模糊度固定技术

作为 GPS 现代化的一部分，Block IIF 卫星除了可以播发原有的 L1(1575.42 MHz)和 L2(1227.60 MHz)信号外，还增加了第三频率的 L5(1176.45 MHz)信号[72-74]。BDS 是第一个所有卫星播发三频信号的卫星导航星座。对于北斗二代卫星，其卫星频率分别是 1561.098 MHz(B1)，1207.14 MHz(B2)和 1268.52 MHz(B3)[75]。B1 频率接近 GPS 的 L1 频率，B2 频率与 Galileo 的 E5b 相同。

尽管 BDS 从 2012 年才开始提供初步的区域导航定位服务[76]，但是从 1997 年开始，对于三频数据处理模型的研究已经有相当多的结果被发表。在没有加密的陆基监测网情况下，基于实时模糊度固定的需求，Forssell (1997)扩展了宽巷技术，基于三个假设的合适的空间载波频率，描述了 TCAR(three carrier phase ambiguity resolution)方法[77]。此后，许多学者对相对定位中的 TCAR 方法进行了深入的研究[78, 79]。基于同样的策略，Enge 等 (1999)提出了一种名为

CIR(cascading integer resolution)的方法,将不同波长的每个组合模糊度通过顺序取整的方式依次固定[80]。在理想情况下,如短基线情况下,TCAR 和 CIR 都是一种稳健简便的方法。然而,基于 LAMBDA(least-squares ambiguity decorrelation adjustment)成功率的理论研究表明,其对长基线的模糊度固定需要较长时间[81, 82]。Teunissen 等(2002)详细地分析比较了 TCAR、CIR 和 LAMBDA 三种模糊度固定方法[83],分析表明,TCAR 和 CIR 都是专门为无几何模型设计的,而 LAMBDA 方法则基于几何模型的情况。因此,LAMBDA 方法优于或者至少与 TCAR 和 CIR 方法性能相当。Vollath (2004)提出了一种因式分解多个载波模糊度算法(factorized multi-carrier ambiguity resolution, famcar)[84],其他许多研究者更加深入地研究了此问题[85-88]。值得注意的是,Feng(2008)提出了更加合理的优化组合选择标准和几何 TCAR 方法[89]。基于这些结论,Li 等(2010)利用半仿真数据验证了三频相对定位在几分钟之内得到与距离无关的模糊度固定解[78]。

直到北斗在亚太区域开始提供三频服务,利用实际观测数据进行北斗基线解的评估的结果开始发表,表明了其对 8 m 的基线定位精度在 1 cm 左右[90]。相同的基线也被 Odolinski 等(2014)采用,验证了 BDS 与 GPS 组合的相对定位精度优于单 GPS 或单 BDS 的定位结果[91]。对于 20~50 km 的长基线,利用基于无几何和基于几何的 TCAR 方法分别处理,结果表明三频模糊度固定比双频模糊度固定更加可靠。Teunissen 等(2014)和 Nadarajah 等(2014)的研究进一步确定了 BDS 和 GPS 组合三频数据在相对定位中的优势[92, 93]。

基于上述研究,许多学者已经深入拓展了三频观测数据在相对定位中的应用。很明显,同样期望增加的第三个频率能够在 PPP 技术中发挥优势,特别是在非差模糊度固定方面[60, 94-98]。需要注意的是,尽管可以把 PPP 模糊度固定解当作非差解,但在 PPP-RTK 的情况下,理论上所有单接收机的模糊度固定等同于双差模糊度[99]。

在多频 PPP 模糊度固定方面,Henkel 和 Gunther (2008)利用仿真数据分析了无电离层伪距载波混合组合、非组合伪距及载波观测值的定位效果,评估了多频 Galileo 系统相位偏差估计和 PPP 模糊度固定的精度[100]。结果表明,通过额外增加的 E1-E5 伪距载波混合观测值,相位偏差的精度可以显著提高。然而,一方面这些研究是基于仿真信号进行的;另一方面,尽管多频 PPP 模糊度解的理论适用于所有的系统,但 Galileo 和 GPS 的结论很难直接适用于 BDS,

因为它们有不同的数据质量(观测数据和轨道钟差产品)和不同的轨道设计。Elsobeiey (2015)依据不同的选择标准,选择了 9 种线性组合观测值处理 4 颗 GPS Block IIF 卫星数据[101],结果表明,三频组合缩短了收敛时间并提高了定位精度(均为 10% 左右)。Deo 和 El-Mowafy (2016)研究了 3 种三频 PPP 模型,分别是三频无电离层组合模型、混合伪距和载波观测值模型及三频非组合观测模型[102]。通过与传统双频模型进行比较,发现所有三频定位模型能够将收敛到 5 cm 三维精度的时间缩短 8%~11%,而收敛后的定位精度基本相当。Guo 等(2016)提出了北斗三频 PPP 的两种无电离层组合观测模型和一种非差非组合模型,详细地分析了对应的数学模型和随机模型[103]。PPP 结果表明,在静态和动态模式下,3 种模型之间具有较高的一致性。在静态模式下,额外增加的频率对于定位精度的影响不明显。然而,在动态模式下,当观测条件恶劣或 B1/B2 观测值较差的情况下,第三频率对定位的影响较为显著。在此研究中,仅研究了三频浮点解 PPP 的模型和定位性能。

为了缩短模糊度固定前的初始化时间,Geng 和 Bock (2013)利用 GPS 的模拟三频数据研究了一种可以快速收敛实现模糊度固定的方法[104]。在此方法中,利用含有和不含有多路径误差的 GPS 仿真数据,通过解决超宽巷和宽巷模糊度问题,组合成一个模糊度已经固定的无电离层观测值用以辅助窄巷模糊度固定,实现超宽巷(extra-wide-lane,EWL)、宽巷(wide-Lane,WL)和窄巷(narrow-Lane,NL)模糊度依次固定。结果表明,窄巷模糊度的固定成功率在 65 s 内达到 99%,而在双频中,150 s 内仅有 64% 的成功率。由此认为,三频 PPP 有可能在几分钟内求得高精度的模糊度固定解。此外,对于更多频率的观测数据,这种 EWL-WL-NL 方法还需要进一步研究以发挥多频的优势。Gu (2015)基于真实的北斗三频观测数据,研究了 PPP 模糊度固定的性能[105]。由原始模糊度组成的超宽巷和宽巷模糊度利用 LAMBDA 算法实现固定,但是窄巷模糊度无法固定。基于站间距为 400 km 和 800 km 的两个参考网进行研究,结果表明 EWL 和 WL 模糊度固定能够明显地提高 PPP 的定位精度和收敛速度。在该研究中,窄巷模糊度的固定仍然是一个巨大的挑战,特别是对于一个广域的参考网而言。Li 等(2019)也采用了这一方法,利用北斗和 Galileo 数据进行了三频 PPP 模糊度固定验证[106]。相比于浮点解,在静态和动态模式中,BDS 和 Galileo 组合三频模糊固定解可以实现 30%~70% 的显著提高。并且,通过对超宽巷、宽巷和窄巷的精度分析,Galileo 对应的 FCB 产品精度显著高于 BDS 估计的精度,这得益于 Galileo 高质量的观测信号。

Li 等(2018)利用 BDS 三频观测数据进行了非组合 PPP 的模糊度固定,提出了基于非组合 PPP 模型进行 FCB 估计和模糊度固定的方法[107]。此方法适用于双频、三频甚至多频的数据处理模型。在非组合模型中,利用直接估计得到非组合模糊度浮点解进行相位偏差的估计,得到各自频率上的相位偏差估计值。此方法方便灵活,有效地将相位偏差估计从双频扩展到三频甚至是多频观测数据的处理中[108]。三频 PPP 固定解相比于三频 PPP 浮点解,定位精度在东方向、北方向和高程方向分别提高 37.3%、19.5% 和 22.4%,相比于双频 PPP 固定解,定位精度分别提高 16.6%、10.0% 和 11.1%,收敛时间分别缩短 18.1% 和 10.0%。

尽管许多学者都对三频 PPP 的定位模型进行了深入的研究,但是对于不同的定位系统,仍然存在着差异。Pan 等(2017)分析了 GPS Block IIF 卫星和 BDS 卫星的频间钟偏差(inter-frequency clock bias, IFCB),提出了一种顾及 IFCB 的三频 PPP 模型[40, 109]。结果表明,与 L1/L2 双频 PPP 相比,三频 PPP 在东方向、北方向和高程方向的定位精度分别提高 19%、13% 和 21%。Zhang 等(2017)初步评估了北斗三代卫星信号的质量,并与 GPS 和 Galileo 信号进行了比较[110]。相比于北斗二代卫星,与高度角相关的卫星端码偏差在北斗三代卫星信号中并不明显。而且,北斗三代卫星也不存在北斗二代卫星和 GPS Block IIF 卫星中出现的频间偏差不一致现象。因此,针对不同卫星导航系统及不同的信号频率,如何进行更加精密的相位偏差估计是实现三频 PPP 模糊度固定的基础。

1.3　本书的主要研究内容和章节安排

本书主要研究内容包括:①研究了组合 PPP 模型和非组合 PPP 模型估计 FCB 的差异与等价性,并比较了不同 PPP 模型的模糊度固定性能;②研究了 GNSS 三频及多系统的 FCB 估计方法、PPP 模糊度固定方法;③建立了顾及接收机码偏差的非组合 PPP 模型;④研究了基于模糊度固定解的电离层延迟估计与建模。

本书具体的章节安排如下：

第1章首先阐述了本书的研究背景及意义，从非差非组合PPP模型、单系统PPP模糊度固定技术及多频多系统模糊度固定技术三个方面总结了相应的国内外研究现状，进而列出了本书的主要内容和组织架构，并归纳总结了本书的主要研究目标和研究意义。

第2章重点阐述了GNSS精密单点定位技术的基本理论和方法，包含基本的误差处理模型、观测值组合、数据预处理方法、参数估计方法及整周模糊度固定的常用方法等。通过对PPP基本原理的介绍，为后续研究提供理论基础。

第3章研究了基于消电离层组合观测值的PPP模型、无电离层约束的非组合PPP模型和附加电离层约束的非组合PPP模型的FCB估计方法，通过理论分析和数据验证，证明了不同PPP模型估计FCB的等价性，并对三种PPP模型的定位精度、模糊度固定成功率和收敛时间进行评估。

第4章研究了BDS和Galileo的三频非组合PPP模型及三频FCB的估计，并通过试验进行三频模糊度固定性能的分析；基于GPS、BDS和Galileo三系统观测数据，研究了多系统FCB的估计与模糊度固定，并特别分析了多系统PPP模型中，系统间偏差的稳定性。

第5章研究了接收机码偏差的变化对PPP模糊度固定的影响。短时间内接收机的剧烈变化明显降低了PPP定位精度，通过提出顾及接收机码偏差变化的非组合PPP模型，提高浮点模糊度的精度，从而提升模糊度固定效果，加快了PPP的收敛速度。

第6章研究了基于非组合PPP模糊度固定解估计的电离层延迟信息精度，并应用于全球电离层建模和卫星DCB的估计。基于固定解估计的高精度电离层延迟观测值明显提高了电离层建模和DCB估计的精度。

1.4　本书的主要成果及创新点

在GNSS快速发展的形势下，面对多频多系统观测数据，需要对PPP技术中的相位偏差估计与模糊度固定问题进行深入的分析。本书围绕PPP的模糊度固定问题，主要在以下六个方面进行了深入研究。

（1）从理论公式和实验结果两方面验证了消电离层组合PPP（IF-PPP）模

型、无电离层约束的非组合 PPP(UU-PPP)模型和附加电离层约束的 PPP(IC-PPP)模型的可行性，并分别估计了 FCB 的等价性。分析了三种 PPP 模型的差异，研究了不同 PPP 模型估计的 FCB 产品等价转换关系，表明了用户端可以更加灵活地选择不同的线性组合观测值以获得 PPP 模糊度固定解。

(2)从理论和实验结果两方面证明了 IF-PPP 模型、UU-PPP 模型和 IC-PPP 模型固定解的定位精度性能相当。同时，验证了高精度的电离层改正信息可以明显缩短 PPP 收敛时间。从定位精度、模糊度固定成功率和收敛时间三个方面，深入分析不同 PPP 模型浮点解和固定解的性能，比较不同 PPP 模型的优势，初步验证了非组合 PPP 模型模糊度固定解实现快速高精度定位的性能。

(3)建立了三频 GNSS 观测数据非组合 PPP 和 FCB 估计模型。利用双频观测值估计的精密卫星轨道和钟差产品，采用 BDS 和 Galileo 三频观测数据研究了三频相位偏差的估计与模糊度固定，验证了三频 FCB 的估计精度及三频 PPP 模糊度固定解的精度。

(4)构建了顾及系统间偏差的多系统组合 PPP 模糊度固定模型，验证了多系统组合 PPP 模型的模糊度固定性能。顾及多系统融合定位的系统间偏差参数，讨论了不同系统之间由坐标和时间基准不同造成的兼容性问题；分析了系统间偏差的变化规律，从而建立多系统组合 PPP 模型。利用 GPS、BDS 和 Galileo 观测数据，验证了多系统 FCB 估计精度及多系统 PPP 模糊度固定解的精度。

(5)提出了顾及接收机码偏差变化的非组合 PPP 模型，构建了相应模糊度固定算法。深入研究了非组合 PPP 模型中，接收机码偏差变化对 PPP 定位及模糊度固定的影响。为了消除接收机码偏差变化对模糊度、接收机钟差和电离层参数估计的影响，提出估计接收机相位钟差和接收机码偏差的算法，消除接收机码偏差与模糊度的相关性，提高模糊度的估计精度，改善定位效果，实现更高的模糊度固定率。

(6)提出了利用非组合 PPP 模糊度固定解估计电离层延迟的方法，提高了电离层建模的精度。非组合 PPP 模型在提取电离层延迟观测值方面具有较高的精度，而模糊度固定解进一步提高了电离层延迟的估计精度。利用基于模糊度固定解提取的电离层延迟进行电离层全球建模，显著提高了电离层建模精度及卫星 DCB 估计精度。

1.5　本章小结

本章简要回顾了 PPP 技术的发展及现状，阐述了 PPP 技术在 GNSS 导航定位领域的优势，指出了目前在处理多频多系统观测数据时面对的主要挑战；针对 PPP 中的非组合模型，单系统模糊度固定技术和多频多系统模糊度固定技术的研究现状进行了大量的文献回顾，并在已有文献的研究基础上，提出了本书主要的研究内容和研究意义，总结了取得的研究成果及创新点。

第 2 章

GNSS 精密单点定位基本理论方法

PPP 技术需要综合考虑各种误差的精确改正或者进行参数估计,以实现单站绝对定位。针对 PPP 数据处理,本章首先详细阐述了 GNSS 定位中常用的 PPP 数学模型以及主要误差改正方法、数据预处理方法,并介绍 PPP 参数估计与模糊度固定的方法,通过简单的定位结果确定已有的研究基础,作为后续深入研究的前提。

2.1 GNSS 观测方程

GNSS 精密数据处理就是通过精确处理观测值中的各项误差,建立定位的数学模型,从而获得精确的待求参数,例如测站坐标、接收机和卫星钟差、大气延迟及硬件延迟等。在 GNSS 数据处理中,主要采用伪距观测值和载波相位观测值建立数学模型。

2.1.1 原始观测方程

GNSS 伪距和载波相位观测值可以表示为:

$$\begin{cases} P_{r,f}^{q,s} = \rho_r^{q,s} + cdt_r^q - cdt^{q,s} + T_r^{q,s} + I_{r,f}^{q,s} + c(d_{r,f}^{q,s} - d_f^{q,s}) + \varepsilon_{P,f}^q \\ L_{r,f}^{q,s} = \rho_r^{q,s} + cdt_r^q - cdt^{q,s} + T_r^{q,s} - I_{r,f}^{q,s} + \lambda_f^{q,s}(N_{r,f}^{q,s} + b_{r,f}^{q,s} - b_f^{q,s}) + \varepsilon_{L,f}^q \end{cases} \quad (2.1)$$

式中:上标 s 及 q 分别表示卫星 PRN 号及对应的卫星系统,一般,G 表示 GPS 系统,R 表示 GLONASS 系统,E 表示 Galileo 系统,C 表示 BDS 系统;下标 r 和

f 分别表示接收机 ID 和观测值频率号段；$P_{r,f}^{q,s}$ 表示伪距观测值，单位为 m；$L_{r,f}^{q,s}$ 表示载波观测值，单位为 m；$\rho_r^{q,s}$ 表示站星间的几何距离，单位为 m；c 表示光在真空中传播速度，$c=2.99792458\times10^{8}$ m/s；dt_r^q 表示接收机钟差，单位为 s；$dt^{q,s}$ 表示卫星钟差，单位为 s；$T_r^{q,s}$ 表示对流层倾斜延迟，单位为 m；$I_{r,f}^{q,s}$ 表示第一频率上对应的电离层倾斜延迟（单位为 m）及频率 f 对应的电离层延迟参数系数；$dt_{r,f}^{q,s}$ 表示接收机端的伪距硬件延迟偏差，单位为 s；$d_f^{q,s}$ 表示卫星端的伪距硬件延迟偏差，单位为 s；$\lambda_f^{q,s}$ 表示载波相位波长，单位为 m/周；$N_{r,f}^{q,s}$ 表示载波相位整周模糊度，单位为周；$b_{r,f}^{q,s}$ 表示接收机端的相位硬件延迟，单位为周；$b_f^{q,s}$ 表示卫星端的相位硬件延迟，单位为周；$\varepsilon_{P,f}^q$ 表示伪距观测值的观测噪声和多路径及其他非模型化误差之和，单位为 m；$\varepsilon_{L,f}^q$ 表示载波相位观测值的观测噪声和多路径及其他非模型化误差之和，单位为 m。

　　GNSS 观测方程中的其他误差项如卫星和接收机天线相位中心偏差、测站对流层天顶干延迟、相对论效应、潮汐负荷形变、天线相位缠绕等改正，已经通过 2.2 节中介绍的方法进行改正。

　　为了方便表示，首先定义以下表达式：

$$
\begin{cases}
\gamma_f^q=\dfrac{(f_1^q)^2}{(f_f^q)^2},\ \alpha_{12}^q=\dfrac{(f_1^q)^2}{(f_1^q)^2-f_2^q},\ \beta_{12}^q=-\dfrac{(f_2^q)^2}{(f_1^q)^2-(f_2^q)^2}\\[2mm]
D_r^q=d_{r,1}^{q,s}-d_{r,2}^{q,s},\ D^{q,s}=d_1^{q,s}-d_2^{q,s}\\[2mm]
d_{r,f}^{q,s}=d_{r,IF}^{q,s}+\gamma_f^q\beta_{12}^q D_r^q,\ d_f^{q,s}=d_{IF}^{q,s}+\gamma_f^q\beta_{12}^q D^{q,s}\\[2mm]
B_r^q=b_{r,1}^{q,s}-b_{r,2}^{q,s},\ B^{q,s}=b_1^{q,s}-b_2^{q,s}\\[2mm]
b_{r,f}^{q,s}=b_{r,IF}^{q,s}+\gamma_f^q\beta_{12}^q B_r^q,\ b_f^{q,s}=b_{IF}^{q,s}+\gamma_f^q\beta_{12}^q B^{q,s}
\end{cases}
\tag{2.2}
$$

式中：α_{12}^q 和 β_{12}^q 表示双频消电离层组合观测值的组合系数；γ_f^q 表示与频率相关的电离层参数系数；D_r^q 和 $D^{q,s}$ 分别表示接收机和卫星端的伪距差分码偏差 DCB；B_r^q 和 $B^{q,s}$ 分别表示接收机和卫星端的载波差分相位偏差（differential phase bias, DPB）。考虑到 IGS 的卫星钟差是基于消电离层组合观测值估计的，卫星钟差产品包含了双频 P1/P2 伪距观测值的组合硬件延迟[42]。因此，对于接收机钟差和卫星钟差，可以重新参数化为：

$$
\begin{cases}
cd\bar{t}_r^q=cdt_r^q+d_{r,IF}^q\\[2mm]
cd\bar{t}^{q,s}=cdt^{q,s}+d_{IF}^{q,s}
\end{cases}
\tag{2.3}
$$

利用重新参数化的接收机钟差和卫星钟差参数 $c d\bar{t}_r^q$ 和 $c d\bar{t}^{q,s}$，可以进一步得到基于 IGS 卫星钟差的 PPP 定位数学模型。

2.1.2 精密单点定位数学模型

2.1.2.1 消电离层组合

双频伪距(P1/P2)和载波相位(L1/L2)观测值分别形成消电离层组合观测值，其对应定位的数学模型表示为：

$$\begin{cases} P_{r,IF_{12}}^{q,s}=\alpha_{12}^q P_{r,1}^{q,s}+\beta_{12}^q P_{r,2}^{q,s}=\rho_r^{q,s}+c d\bar{t}_r^q-c d\bar{t}^{q,s}+T_r^{q,s}+\varepsilon_{P,IF_{12}}^q \\ L_{r,IF_{12}}^{q,s}=\alpha_{12}^q L_{r,1}^{q,s}+\beta_{12}^q L_{r,2}^{q,s}=\rho_r^{q,s}+c d\bar{t}_r^q-c d\bar{t}^{q,s}+T_r^{q,s}+\lambda_{IF_{12}}^{q,s}\bar{N}_{r,IF_{12}}^{q,s}+\varepsilon_{L,IF_{12}}^{q,s} \end{cases} \quad (2.4)$$

式中：消电离层组合模糊度为 $\lambda_{IF_{12}}^{q,s}\bar{N}_{r,IF_{12}}^{q,s}=\lambda_{IF_{12}}^{q,s}(N_{r,IF_{12}}^{q,s}+b_{r,IF_{12}}^{q,s}-b_{IF_{12}}^{q,s})-c(d_{r,IF_{12}}^{q,s}-d_{IF_{12}}^{q,s})$。以 GPS 为例，消电离层组合模糊度的波长可以通过下式计算：

$$\lambda_{IF_{12}}^{G,s}N_{r,IF_{12}}^{G,s}=\frac{(f_1^G)^2\lambda_1^G N_{r,1}^{G,s}}{(f_1^G)^2-(f_2^G)^2}-\frac{(f_2^G)^2\lambda_2^G N_{r,2}^{G,s}}{(f_1^G)^2-(f_2^G)^2}=\frac{77\lambda_1^G}{77^2-60^2}(77N_{r,1}^{G,s}-60N_{r,2}^{G,s}) \quad (2.5)$$

式中：$\lambda_{IF_{12}}^{G,s}=\dfrac{77\lambda_1^G}{77^2-60^2}$ 表示 GPS 系统对应的消电离层组合的实际波长，约为 6.3 mm。

2.1.2.2 非组合观测模型

消电离层组合模型通过消电离层组合系数来消除一阶电离层延迟的影响，但是放大了观测噪声和多路径误差的影响，同时也丢失了有关电离层延迟的有用信息。为了避免观测噪声的放大，方便直接提取电离层延迟信息，采用伪距和载波原始观测值的非组合模型可以表示为：

$$\begin{cases} P_{r,f}^{q,s}=\rho_r^{q,s}+c d\bar{t}_r^q-c d\bar{t}^{q,s}+T_r^{q,s}+\gamma_f\bar{I}_{r,1}^{q,s}+\varepsilon_{P,f}^q \\ L_{r,f}^{q,s}=\rho_r^{q,s}+c d\bar{t}_r^q-c d\bar{t}^{q,s}+T_r^{q,s}-\gamma_f\bar{I}_{r,1}^{q,s}+\lambda_f^{q,s}(N_{r,f}^{q,s}+b_{r,f}^{q,s}-b_f^{q,s}) \\ \qquad -(d_{r,IF}^{q,s}-d_{IF}^{q,s})+\gamma_f^q\beta_{12}^q(D_r^q-D^{q,s})+\varepsilon_{L,f}^q \end{cases} \quad (2.6)$$

式中：待估计的倾斜电离层延迟可以表示为

$$\bar{I}_{r,1}^{q,s}=I_{r,1}^{q,s}+\beta_{12}^q(D_r^q-D^{q,s}) \quad (2.7)$$

其中，接收机和卫星的 DCB 被包含在电离层参数中，无法分离。如果存在电离层的先验改正信息作为电离层参数估计的约束条件，或者直接改正观测量的电离层延迟误差，同时卫星的 DCB 偏差被改正，则可实现接收机 DCB 的分离。因此，当存在电离层延迟先验信息改正或约束时，非组合观测模型可以表达为：

$$\begin{cases} P_{r,f}^{q,s}+\gamma_f^q\beta_{12}^q D^{q,s}=\rho_r^{q,s}+c d\bar{t}_r^q-c d\bar{t}_r^{q,s}+T_r^{q,s}+\gamma_f^q I_{r,1}^{q,s}+\gamma_f^q\beta_f^q D_r^q+\varepsilon_{P,f}^q \\ L_{r,f}^{q,s}=\rho_r^{q,s}+c d\bar{t}_r^q-c d\bar{t}_r^{q,s}+T_r^{q,s}-\gamma_f^q I_{r,1}^{q,s}+\lambda_f^q\left(N_{r,f}^{q,s}+b_{r,f}^q-b_f^{q,s}\right)-\left(d_{r,\mathrm{IF}}^q-d_{\mathrm{IF}}^{q,s}\right)+\varepsilon_{L,f}^q \end{cases}$$

$$(2.8)$$

在这一模型中，卫星 DCB 是必须要改正的偏差项。因此，干净的电离层延迟可以通过改正信息消除这一待估参数，或者作为一定精度的先验信息进行附加约束估计，从而精确获取电离层延迟量。

当先验电离层延迟信息作为约束条件时，则有虚拟电离层观测方程：

$$v_r^{q,s}(i)=I_r^{q,s}(i)-\widetilde{I}_r^{q,s}(i) \tag{2.9}$$

式中：$I_r^{q,s}(i)$ 表示历元 i 时刻的验前估计值；$\widetilde{I}_r^{q,s}(i)$ 表示历元 i 时刻的先验电离层延迟改正。对于虚拟电离层观测量的先验方差，采用了两种约束方法计算，分别为常数约束、时空约束。

（1）常数约束。先验方差确定为与时间无关的常数：

$$\sigma_{\mathrm{ion}}^2(i)=\sigma_{\mathrm{ion},0}^2 \tag{2.10}$$

式中：$\sigma_{\mathrm{ion},0}^2$ 表示初始方差。

（2）时空约束。时空约束通过考虑电离层延迟的时空变化特性来逐历元计算先验方差，即

$$\sigma_{\mathrm{ion}}^2(i)=\begin{cases} \sigma_{\mathrm{ion},0}^2/\sin^2(E), & t<8 \text{ 或 } t>20 \text{ 或 } B>\pi/3 \\ \left[\sigma_{\mathrm{ion},0}^2+\sigma_{\mathrm{ion},1}^2\cos(B)\cos\left(\dfrac{t-14}{12}\pi\right)\right]/\sin^2(E), & \text{其他} \end{cases} \tag{2.11}$$

式中：$\sigma_{\mathrm{ion},1}^2$ 表示随时间和空间的变化而变化的先验方差；B 表示接收机 r 到卫星 s 连线方向上的电离层穿刺点的地理纬度，单位为 rad；E 是卫星高度角，单位为 rad；t 是穿刺点当地时间，单位为 h。

2.1.2.3　其他线性组合

（1）无几何线性组合观测值。

无几何线性组合观测值消除了站星之间的几何距离误差、对流层误差、接收机钟差和卫星钟差等误差，仅保留了电离层项和载波相位的模糊度参数以及观测噪声。因此，伪距与相位的无几何组合为：

$$\begin{cases} P_{r,\,GF}^{q,\,s} = P_{r,\,1}^{q,\,s} - P_{r,\,2}^{q,\,s} = I_{r,\,1}^{q,\,s} - I_{r,\,2}^{q,\,s} + \Delta\varepsilon_P^q \\ L_{r,\,GF}^{q,\,s} = L_{r,\,1}^{q,\,s} - L_{r,\,2}^{q,\,s} = -(I_{r,\,1}^{q,\,s} - I_{r,\,2}^{q,\,s}) + \lambda_1^{q,\,s} N_{r,\,1}^{q,\,s} - \lambda_2^{q,\,s} N_{r,\,2}^{q,\,s} + \Delta\varepsilon_L^q \end{cases} \tag{2.12}$$

（2）MW 组合观测值。

Melbourne-Wübbena（MW）组合观测值消除了绝大部分的观测误差，只剩观测噪声和多路径效应，而通过多历元平滑可以减弱这些噪声，因此，MW 组合也常用于确定宽巷模糊度及检测周跳[111-113]。MW 组合可以表示为：

$$L_{r,\,MW}^{q,\,s} = \frac{1}{f_1^q - f_2^q}(f_1^q L_{r,\,1}^{q,\,s} - f_2^q L_{r,\,2}^{q,\,s}) - \frac{1}{f_1^q + f_2^q}(f_1^q P_{r,\,1}^{q,\,s} + f_2^q P_{r,\,2}^{q,\,s}) = \lambda_{MW}^q N_{r,\,MW}^{q,\,s} \tag{2.13}$$

式中：λ_{MW}^q 表示宽巷波长；$N_{r,\,MW}^{T,\,s}$ 表示宽巷模糊度。

2.2　精密单点定位的主要误差源

GNSS 定位中的误差主要包含与卫星、信号传播和测站有关的三种误差。本节详细阐述了三种误差的具体内容和相应的消除或者削弱的方法。

2.2.1　与卫星有关的误差

2.2.1.1　卫星星历误差和卫星钟误差

在 GNSS 定位中，需要由卫星星历给出卫星在具体时刻的位置与速度信息，以便于计算卫星与测站之间的真实距离。不论是用户直接接收到的广播星历还是通过国际 GNSS 服务（international GNSS service，IGS）组织获取的事后精密星历，所给出的卫星位置和速度与卫星实际的位置和速度都存在偏差，称为卫星星历误差。不同卫星之间的星历误差一般互不相关，因此将严重影响单点定位的精度。在卫星定轨中，测站的数量及分布、观测数据质量以及数学模型的精度都将影响卫星星历的偏差。同时，在实际应用中，进行轨道外推时所采用的插值函数精度及外推时间也都会产生星历误差。尽管卫星采用了高精度的原子钟，但是也不可避免地产生了一定的偏差，称为卫星钟误差。这种误差主要包含了钟差、钟速和钟漂等系统误差，也包含了随机误差。因此，额外的卫星钟差信息也是单点定位中必需的改正。

目前，广播星历提供的轨道误差精度约为 1 m，钟差改正误差精度约为 5 ns，只能满足单点定位的需求，无法实现 PPP 的高精度定位。因此，IGS 组织提供了精密卫星轨道和卫星钟差产品用于 PPP 定位。其产品精度对 PPP 定位起着决定性作用，各种 IGS 产品的精度和延迟信息见表 2.1。

表 2.1　IGS 产品信息

星历类型		精度	延迟时间	更新频率	采样间隔
广播星历	轨道	~100 cm	实时	—	每天
	钟差	~5 ns RMS ~2.5 ns SDev			
超快速星历 （预报部分）	轨道	~5 cm	实时	03 时,09 时, 15 时,21 时 UTC	15 min
	钟差	~3 ns RMS ~1.5 ns SDev			
超快速星历 （实测部分）	轨道	~3 cm	3~9 h	03 时,09 时, 15 时,21 时 UTC	15 min
	钟差	~150 ps RMS ~50 ps SDev			
快速星历	轨道	~2.5 cm	17~41 h	17 时 UTC	15 min
	钟差	~75 ps RMS ~25 ps SDev			5 min
事后星历	轨道	~2.5 cm	12~18 d	每周四	15 min
	钟差	~75 ps RMS ~20 ps SDev			30 s 5 min

（http://www.igs.org/products）

2.2.1.2 地球自转效应

在 GNSS 数据处理中，卫星和测站的位置均为地固系坐标。假如卫星在空间的位置根据信号发射时刻 t_1 计算得到，协议地球坐标系中 t_1 时刻的卫星坐标为 (x_1^s, y_1^s, z_1^s)。当接收机在 t_2 时刻接收到信号时，协议地球坐标系将围绕地球自转轴旋转一个角度 $\Delta\alpha$：

$$\Delta\alpha = \omega(t_2 - t_1) \tag{2.14}$$

式中：ω 表示地球自转角速度。此时，卫星坐标对应的改正公式为：

$$\begin{bmatrix} x_s' \\ y_s' \\ z_s' \end{bmatrix} = \begin{bmatrix} \cos\Delta\alpha & \sin\Delta\alpha & 0 \\ -\sin\Delta\alpha & \cos\Delta\alpha & 0 \\ 0 & 0 & 1 \end{bmatrix} \begin{bmatrix} x_1^s \\ y_1^s \\ z_1^s \end{bmatrix} \tag{2.15}$$

式中：(x_s', y_s', z_s') 表示改正之后的卫星坐标。对应于地固系中卫星与测站位置 (X_r, Y_r, Z_r) 之间距离的改正为：

$$\Delta D_w = \frac{w}{c}\left[(x_1^s - X_r) y_1^s - (y_1^s - Y_r) x_1^s \right] \tag{2.16}$$

式中：ΔD_w 为由地球自转造成的站星距离改正；c 为真空中的光速。

2.2.1.3 相对论效应

卫星相对于地球上的测站处于高速运动状态，卫星搭载的卫星钟和接收机钟的相对运动速度和重力位差异较大会导致产生相对钟误差，这种现象称为相对论效应。这种现象的产生主要取决于卫星的运动速度和重力位，并且体现在卫星钟差中，因此简单地将其归纳到与卫星相关的误差。相对论效应产生的时间误差为几十纳秒到上百纳秒，如果不加以改正，将显著影响 PPP 的定位。因此，实际的频率设计中，已经根据卫星圆形轨道产生的常数卫星钟偏差修正了标称频率。而对于轨道偏心率产生的周期性影响和地球引力场产生的信号传播时延，按照如下公式进行修正：

$$\begin{cases} T_{rel} = \dfrac{\boldsymbol{r}_s \cdot \boldsymbol{v}_s}{c^2} \\ T_g = \dfrac{2GM}{c^2} \ln\left(\dfrac{r^s + r_r + r_r^s}{r^s + r_r - r_r^s} \right) \end{cases} \tag{2.17}$$

式中：T_{rel} 为轨道偏心率产生的周期性相对论效应；T_g 为引力延迟；r_s 和 v_s 为卫星的位置和速度向量；GM 为地球引力常数；r^s 和 r_r 是卫星和接收机到地心的距离；r_r^s 为卫星到接收机的距离；c 为真空中的光速。

上述三种误差对于 GNSS 载波相位和伪距码观测值的影响相同。

2.2.1.4　卫星天线相位中心偏移及其变化

对于 GNSS 观测值来说，其测量值是卫星天线相位中心到测站接收机天线相位中心的距离。在卫星定轨中，IGS 精密星历估计的是卫星质心的坐标。因此，由卫星质心到卫星天线相位中心产生的偏差称为卫星天线相位中心偏差（phase center offset，PCO）。同时，卫星的天线相位中心并不会一直保持不变。由于信号的天底角和方位角随时间不断变化，卫星的瞬时相位中心也随之改变，相对于平均相位中心的偏差称为卫星天线相位中心变化（phase center variation，PCV）。

在卫星星固坐标系中，对卫星坐标的改正公式为：

$$X_{phase} = X_{max} + \begin{bmatrix} e_x & e_y & e_z \end{bmatrix}^{-1} X_{offset} \tag{2.18}$$

式中：e_x，e_y，e_z 为星固坐标系中的单位矢量；X_{phase} 和 X_{max} 为惯性坐标中卫星的相位中心和质心；X_{offset} 为星固系中卫星天线相位中心的偏差。卫星天线 PCV 参数一般是按天底角和方位角给出的格网改正数，直接按照天底角和方位角进行插值改正即可。

2.2.1.5　天线相位缠绕

导航卫星发射的电磁波信号是右旋极化的，因此卫星与接收机天线之间的相互方位关系将会影响接收机接收的载波相位观测值，接收机或卫星天线绕其垂直轴旋转都将改变相位观测值，最大可达一周（一个波长），这种现象称为天线相对旋转相位增加效应，对其进行的改正称为天线相位缠绕改正。在静态定位中，接收机天线通常指向某固定方向（北），但是卫星天线会随着太阳能板对太阳朝向的改变而缓慢旋转，从而引起卫星到接收机几何距离的变化。此外，在日蚀期间，为了能重新将太阳能板朝向太阳，卫星将快速旋转，这就是"中午旋转"和"子夜旋转"，半小时内旋转量可达半周（如果卫星姿态模型将旋转方向算错，实际改正误差将达一周），因此需将相应的相位数据改正或删除。对于几百千米的基线或网络差分定位来说，其相位缠绕比较微弱，但是对于长基线精密定位，其影响较大。相位缠绕改正公式如下：

$$\begin{cases} \boldsymbol{D}' = \hat{x}' - \hat{\boldsymbol{k}}(\hat{\boldsymbol{k}} \cdot \hat{x}') - \hat{\boldsymbol{k}} \cdot \hat{y}' \\ \boldsymbol{D} = \hat{x} - \hat{\boldsymbol{k}}(\hat{\boldsymbol{k}} \cdot \hat{x}) + \hat{\boldsymbol{k}} \cdot \hat{y} \\ \Delta\varphi = \text{sign}(\hat{\boldsymbol{k}} \cdot (\boldsymbol{D}' \cdot \boldsymbol{D})) \arccos \dfrac{\boldsymbol{D} \cdot \boldsymbol{D}'}{|\boldsymbol{D}||\boldsymbol{D}'|} \end{cases} \tag{2.19}$$

式中：$\hat{\boldsymbol{k}}$ 表示卫星到接收机的单位矢量；$\boldsymbol{D}'$ 表示卫星坐标系下由坐标单位矢量 $(\hat{x}', \hat{y}', \hat{z}')$ 计算的卫星有效偶极矢量；$\boldsymbol{D}$ 表示接收机地方坐标系下的坐标单位矢量 $(\hat{x}, \hat{y}, \hat{z})$ 表示计算的接收机天线有效偶极矢量。

2.2.2 与信号传播有关的误差

2.2.2.1 电离层延迟

电离层是距离地面 $80 \sim 700$ km 的大气层，由太阳紫外线和高能量粒子辐射，产生气体分子和原子的电离，形成等离子体。当卫星信号穿越电离层时，其传播路径受带电粒子的影响，发生折射现象，导致传播距离发生改变。与真实的卫星与测站的几何距离相比，产生的偏差称为电离层延迟。电离层延迟与传播路径上的总电子含量（total electronic content，TEC）和信号频率 f 密切相关。太阳活动变化与地球磁场等因素决定了电离层电子含量分布与变化，因此电离层延迟在不同时间、不同地点的延迟大小也不同。电离层一阶项误差，对伪距观测值和载波相位观测值的影响大小相同、符号相反，具体表示为：

$$\begin{cases} I_{\text{P}_j} = \dfrac{40.28\text{TEC}}{f_j^2} \\ I_{\text{L}_j} = -\dfrac{40.28\text{TEC}}{f_j^2} \end{cases} \tag{2.20}$$

式中：I_{P_j} 和 I_{L_j} 分别表示伪距和载波在频率 j 上的电离层延迟；TEC 表示信号传播路径上的总电子含量；f_j 为信号频率。而对于二阶及以上的高阶电离层延迟，其影响量级较小，在定位中一般忽略其影响。电离层延迟是精密定位中重要的误差源，许多研究学者对其改正或削弱方法进行了深入研究。在 GNSS 数据处理中，根据不同的数学模型和目的要求，有三种主要的处理方法。在采用双频或多频观测数据时，如果不考虑电离层的估计，可以通过消电离层组合观测值消除一阶项电离层延迟；在面对单频观测数据或者实现电离层增强的精密定位时，可以采用经验电离层模型或者电离层格网进行改正；如果利用原始观测数据进行定位，可以直接将电离层延迟偏差作为待估参数，在定位模型中精确估计。

在 GNSS 数据处理中，卫星轨道误差、卫星钟误差及电离层延迟误差都是 PPP 模型中重要的误差项。在非组合 PPP 模型中，电离层延迟改正信息精度成为制约模糊度快速固定的决定性因素。因此，本书对电离层延迟的估计与建模进行了更加深入的研究。

2.2.2.2　对流层延迟

50 km 以下的大气层，称为对流层，集中了大气层中的绝大部分质量。因此，当 GNSS 信号通过对流层时，介质密度的增加会导致信号传播路径和传播速度发生变化，产生传播时间延迟，称为对流层延迟。不同于电离层延迟，伪距码观测值和载波相位观测值中的对流层延迟是相同的。根据空气中的干空气和湿空气成分，对流层主要包含干延迟和湿延迟。其中较为稳定的干延迟占比超过 90%，主要与测站高度、大气温度和压力有关。而剩余的为湿延迟，主要受水汽含量的影响。因此，对于卫星信号传播路径上的对流层延迟，可以模型化为天顶延迟与投影函数：

$$D_{\text{trop}} = m_{\text{dry}} \text{ZTD}_{\text{dry}} + m_{\text{wet}} \text{ZTD}_{\text{wet}} \tag{2.21}$$

式中：D_{trop} 表示对流层斜延迟；ZTD_{dry} 和 ZTD_{wet} 分别表示天顶对流层延迟干、湿分量；m_{dry} 和 m_{wet} 分别表示对应的投影函数。

根据经验，对流层天顶总延迟量平均为 2.5 m。对流层干延迟可以通过经验模型直接计算，例如 Hopfield 模型、Saastamoninen 模型等。研究表明，采用不同模型计算的对流层干延迟量差异在毫米级。尽管大气中的水汽含量低，但是非常活跃，对流层延迟的变化部分主要来源于此。水汽变化的复杂性使对流层湿延迟无法利用模型进行精确计算，因此在 GNSS 数据处理中，将天顶湿延迟量作为参数进行估计。

2.2.2.3　多路径效应

GNSS 信号在即将到达接收机天线时，也会受到接收机天线周围环境的影响。其中影响最大的是，卫星信号可能经过周围物体表面的折射再到达接收机天线，这种反射信号与直接到达接收机天线的信号会相互叠加干扰，造成伪距和载波观测值发生偏差，称为多路径误差。多路径误差主要是由接收机周围的环境造成，取决于信号的传播方向和反射表面的方位。因此，多路径误差是一种时变误差，随着卫星位置和接收机位置的变化而改变。不论是静态定位还是动态定位，卫星和测站的运动都会造成多路径复杂多变，难以进行简单的建模处理。并且，多路径误差对伪距码观测值的影响远远大于对载波相位观测值的影响。理论上，多路径在载波相位观测值中的误差最大可以达到 1/4 载波波长，对于 GPS L1 和 L2 载波，最大值分别为 4.8 cm 和 6.1 cm。在实际观测中，载波相位的多路径误差一般小于 1 cm。对于 P 码，伪距观测量最大可以达到 15 m，对于 C/A 码，观测值为 150 m。实际上，由于码元长度短，P 码对间接信号更加不敏感，多路径误差一般小于 3 m。

由于多路径误差的复杂性，伪距观测值和载波相位观测值的测量精度受到多路径误差的影响，并且难以通过模型进行改正。当观测值包含了显著的多路径误差时，将会降低 GNSS 定位的精度。因此，在进行 GNSS 数据采集和处理时，需要采取一些必要的措施减弱或者消除多路径的影响，其措施主要有：①在 GNSS 数据的采集过程中，尽量避免选择能够引起多路径的环境，特别是避开显著的信号反射物体；②在 GNSS 数据采集设备选择上，选择合适的接收机，采用扼流圈天线等抑制多路径信号进入天线。特别是在高精度测量中以及无法避免多路径的环境下，抗多路径天线更加不可缺少；③对于静态高精度测量，可以通过延迟观测时间来进行多路径的处理，并在事后数据处理中使用恒星日滤波等方法消除多路径效应导致的周期性误差。

2.2.3　与测站有关的误差

2.2.3.1　接收机钟差

由于成本等因素，接收机钟一般采用石英钟，但其精度明显不如卫星原子钟的精度高。因此，接收机钟误差一般数值较大、变化较快且变化的规律性较弱，难以模型化处理。接收机误差对伪距和载波观测值的影响是相同的，在 GNSS 数据处理中，一般将其作为未知参数与位置参数一并估计；同时，选择白噪声随机模型估计每个观测历元的接收机钟误差。需要特别注意的是，当钟差累积到一定的数值时，有的接收机会自动调整，产生所谓的"钟跳"现象。

2.2.3.2　潮汐效应

地球实际上并不是一个刚体，而是一个有着一定弹性、会随着外部作用力（如日、月引力）发生形变的弹性体。在进行 GNSS 测量时，接收机放置在地球上，理想情况下认为它在地固系中的位置是不变的。但事实上，由于各种潮汐效应的影响，地球在发生着微小的形变，因此测站在地固系中的位置也是不断变化的。潮汐改正就是计算各种潮汐作用导致测站位置的变化，进而将其改正到 GNSS 观测值上。关于各种潮汐改正，国际上也有统一的标准和约定，目前主要参考国际地球自转服务（international earth rotation service，IERS）的 IERS Conventions 系列技术文档，下面介绍 GNSS 数据处理中主要的潮汐改正项。

（1）地球固体潮。

固体潮是指在日、月等天体引力作用下，固体地球产生周期性变化的现象。固体潮对测站水平方向和高程方向的影响可达 5 cm 和 30 cm，在精密数据处理中必须加以改正，目前 IERS 提供的模型改正精度可达毫米级，其改正公式如下：

$$\Delta r = \sum_{j=1}^{2} \frac{GM_j r^4}{GMR_j^3} \left\{ \left[3l_2 (\boldsymbol{R}_j \cdot \boldsymbol{r}) \right] \boldsymbol{R}_j + \left[3 \left(\frac{h_2}{2} - l_2 \right) (\boldsymbol{R}_j \cdot \boldsymbol{r})^2 - \frac{h_2}{2} \right] \boldsymbol{r} \right\} +$$
$$\left[-0.025 \sin \varphi \cos \varphi \sin (\theta_g + \lambda) \right] \boldsymbol{r} \qquad (2.22)$$

式中：Δr 表示测站位移向量；下标 j 表示太阳（$j=1$）或月亮（$j=2$）；GM 表示地球引力质量常数；GM_j 表示太阳或月亮引力质量常数；$\boldsymbol{R}_j$ 表示太阳或月亮的位置向量；r 表示测站位置向量；l_2 和 h_2 表示模型常数，取值分别是 0.609 和 0.085；λ 和 φ 表示测站经纬度；θ_g 为格林尼治平恒星时。

（2）海洋负荷潮。

海洋负荷潮是月球和太阳的引潮力作用，使海洋水面发生的周期性涨落现象，对测站在水平方向和高程方向的影响为 2~5 cm。目前使用的海潮改正模型一般都考虑了 11 个分潮的影响，在模型中给出了每个分潮在东方向、北方向、高程方向三个方向的振幅和相位值，用户利用这些参数和如下改正公式就可以计算得到测站的海潮改正：

$$\Delta r = \sum_{j=1}^{11} f_j A_{cj} \cos(\omega_j t + \chi_j + \mu_j - \Phi_{cj}) \tag{2.23}$$

式中：下标 j 表示 11 个不同的分潮（M_2，S_2，N_2，K_2，K_1，O_1，P_1，Q_1，M_f，M_m，S_{sa}）；f_j，A_{cj}，ω_j，χ_j，μ_j，Φ_{cj} 表示各分潮的模型系数。不同测站的模型系数可以通过网站 http://holt.oso.chalmers.se/loading 在线生成。

（3）极潮。

极潮是由地球自转轴瞬时位置变化引起的，对测站水平和高程方向的影响可达厘米级，其改正公式如下：

$$\begin{cases} \Delta \boldsymbol{r} = \begin{bmatrix} -0.009\cos 2\theta(m_1\cos\lambda + m_2\sin\lambda) \\ 0.009\sin\theta(m_1\sin\lambda - m_2\cos\lambda) \\ -0.033\sin 2\theta(m_1\cos\lambda + m_2\sin\lambda) \end{bmatrix} \\ m_1 = x_p - 0.054 - 0.00083(t - t_0) \\ m_2 = y_p + 0.357 + 0.00359(t - t_0) \end{cases} \tag{2.24}$$

式中：$\Delta \boldsymbol{r}$ 表示极潮引起的测站在 NEU 三个方向的位移；t 表示改正时刻；x_p、y_p 表示对应时刻的极移；t_0 表示参考历元 J2000。

2.2.3.3　接收机天线相位中心偏移及其变化

与 GNSS 卫星类似的是，接收机的平均相位中心与天线的几何参考点也存在偏差，同时接收机天线瞬时相位中心会随着信号的方位和高度角发生变化，这被称为接收机天线的 *PCO* 和 *PCV* 偏差。在 GNSS 数据处理中，需要根据接收机天线的类型和提前公布的 *PCO* 和 *PCV* 参数进行改正。*PCO* 具体的改正公式如下：

$$\begin{bmatrix} \Delta X_r \\ \Delta Y_r \\ \Delta Z_r \end{bmatrix} = \begin{bmatrix} \sin\varphi\cos\lambda & \sin\lambda & \cos\varphi\cos\lambda \\ \sin\varphi\sin\lambda & \cos\lambda & \cos\varphi\sin\lambda \\ \cos\varphi & 0 & \sin\varphi \end{bmatrix} \begin{bmatrix} PCO_{r,x} \\ PCO_{r,y} \\ PCO_{r,z} \end{bmatrix} \tag{2.25}$$

式中：ΔX_r、ΔY_r、ΔZ_r 表示测站坐标改正量；λ、φ 表示测站经纬度；$PCO_{r,x}$、$PCO_{r,y}$、$PCO_{r,z}$ 表示接收机天线 *PCO* 改正参数。接收机天线的 *PCV* 改正与卫星天线相似。

2.2.3.4　接收机的测量噪声

由于接收机设备质量以及观测环境的影响，GNSS 在进行观测时，观测值中都存在随机测量误差，称为测量噪声。伪距码观测值和载波观测值中都存在测量噪声，但是载波观测值测量噪声的量级远小于伪距码观测值。对于伪距 P 码观测值，其测量噪声大约为 30 cm，而对于载波测量噪声，其影响大约为几毫米量级。对于长时间的观测数据，测量噪声在数据处理中的影响可以忽略不计。

2.3　数据预处理

2.3.1　周跳探测

在相位测量过程中，信号发生失锁，相位测量必须重新开始，从而发生整周跳变现象，称为周跳。周跳的后果是相邻的载波相位观测量会跳过周数的整数倍，因此在参数估计过程中，需要一个新的模糊度参数对其进行估计。目前，常用的周跳探测方法为 TurboEdit 算法，可利用电离层残差组合和 MW 组合，进行周跳探测[25]。

2.3.1.1　利用 MW 组合探测周跳

MW 组合观测值只包含宽巷模糊度参数，仅受观测噪声和多路径的影响，其值在理论上应为常数。在没有发生周跳的情况下，其波动主要受伪距多路径和观测噪声的影响。在周跳探测中，根据递推公式计算第 i 个历元的 MW 组合观测值的平均值和均方根中误差：

$$
\begin{cases}
\langle N_{\text{r, MW}}^{\text{q, s}} \rangle_{(i)} = \dfrac{i-1}{i} \langle N_{\text{r, MW}}^{\text{q, s}} \rangle_{(i-1)} + \dfrac{1}{i} N_{\text{r, MW}(i)}^{\text{q, s}} \\[2mm]
\sigma_{\text{r, MW}(i)}^{\text{q, s}} = \dfrac{i-1}{i} (\sigma_{\text{r, MW}(i-1)}^{\text{q, s}})^2 + \dfrac{1}{i} [N_{\text{r, MW}(i)}^{\text{q, s}} - \langle N_{\text{r, MW}}^{\text{q, s}} \rangle_{(i-1)}]^2
\end{cases}
\tag{2.26}
$$

式中：$\langle N_{\text{r, MW}}^{\text{q, s}} \rangle_{(i)}$ 表示前 i 个历元的宽巷模糊度均值，其对应的均方根钟误差为 $\sigma_{\text{r, MW}(i)}^{\text{q, s}}$。

将当前的历元 i 与历元 $i+1$ 的宽巷模糊度，第 $(i-1)$ 历元对应的平均值进行比较：

$$\left| N_{r,\,MW(i)}^{q,\,s} - \langle N_{r,\,MW}^{q,\,s} \rangle_{(i-1)} \right| \geqslant 4\sigma_{r,\,MW(i)}^{q,\,s} \qquad (2.27)$$

$$\left| N_{r,\,MW(i+1)}^{q,\,s} - N_{r,\,MW(i)}^{q,\,s} \right| \leqslant 1 \qquad (2.28)$$

当以上两式成立时，可认为在历元 i 与历元 $i-1$ 之间发生了周跳，若只满足第一个不等式，则认为历元 i 为粗差值。

2.3.1.2　利用电离层残差组合探测周跳

对于相位无几何组合，有：

$$L_{r,\,GF}^{q,\,s}(t) = \Delta_{r,\,ion}^{q,\,s}(t) + \lambda_1^{q,\,s} N_{r,\,1}^{q,\,s}(t) - \lambda_2^{q,\,s} N_{r,\,2}^{q,\,s}(t) \qquad (2.29)$$

式中：$\Delta_{r,\,ion}^{q,\,s}(t) = -\left(1 - \dfrac{(f_1^q)^2}{(f_2^q)^2}\right) I_{r,\,1}^{q,\,s}(t)$。其在两个连续历元 t 和历元 $t-1$ 上的差分形式如下：

$$\Delta_t L_{r,\,GF}^{T,\,s}(t,\,t-1) = \Delta_t \Delta_{ion}(t,\,t-1) + \lambda_1^{T,\,s}\Delta_t N_{r,\,1}^{T,\,s}(t,\,t-1) - \lambda_2^{T,\,s}\Delta_t N_{r,\,2}^{T,\,s}(t,\,t-1)$$

$$(2.30)$$

式中：Δ_t 表示时间差分算子；$\Delta_t\Delta_{ion}(t+1,\,t)$ 表示电离层残差。在不发生周跳的情况下，模糊度参数 $N_{r,\,1}^{T,\,s}$ 和 $N_{r,\,2}^{T,\,s}$ 为常数，从而 $\Delta_t N_{r,\,1}^{T,\,s}$ 和 $\Delta_t N_{r,\,2}^{T,\,s}$ 为 0。当电离层比较稳定、采样间隔时间比较短时，电离层随时间变化比较缓慢，历元间电离层残差变化也应该比较稳定，且比较小。若电离层残差出现跳变，则可以认为在 t 时刻可能发生了周跳。根据电离层残差进行判断，如果其小于 3 倍的历元间电离层残差组合的中误差，则可以判定没有发生周跳；否则，则可以判定发生了周跳。电离层残差组合仅用了精度较高的相位观测值，可以探测出小周跳。

2.3.2　钟跳探测与修复

根据接收机钟跳对接收机时标、伪距观测值和载波观测值的影响，可以将其分为四类，见表 2.2。

表 2.2　接收机钟跳分类

类型	接收机时标	伪距观测值	载波观测值
1	阶跃	连续	连续
2	阶跃	阶跃	连续
3	连续	阶跃	连续
4	连续	阶跃	阶跃

其中，类型 2 和类型 3 钟跳，当钟跳对伪距和载波观测值的影响不一致时，会影响 MW 组合探测周跳的准确性，因此需要对这两种类型进行钟跳探测和修复。首先定义历元差分伪距和载波观测值：

$$\begin{cases} \Delta P^s = P^s(i) - P^s(i-1) \\ \Delta L^s = L^s(i) - L^s(i-1) \end{cases} \tag{2.31}$$

同时，构造检验量 T 及其条件式：

$$\begin{cases} T^s(i) = \Delta P^s(i) - \Delta L^s(i) \\ |T^s(i)| > k_1 \approx 0.001 \cdot c \end{cases} \tag{2.32}$$

式中：k_1 为阈值。在某一历元，当且仅满足上述条件时，可以认为该历元时刻可能发生了钟跳或者所有卫星信号失锁。此时，利用式（2.33）及式（2.34）计算钟跳值，并进行检验。

$$\zeta = \alpha \Big(\sum_{s=1}^{m} T^s \Big) / (m \cdot c) \tag{2.33}$$

$$J = \begin{cases} \text{int}(\zeta), & |\zeta - \text{int}(\zeta)| \leqslant k_2 \\ 0, & \text{其他} \end{cases} \tag{2.34}$$

式中：α 为系数因子，取值 $\alpha = 10^3$；k_2 为阈值，$10^{-5} \leqslant k_2 \leqslant 10^{-7}$。当发生类型 2 或类型 3 接收机钟跳时，将连续的载波相位观测值调整成阶跃形式，同伪距基准保持一致。计算公式如下：

$$\tilde{L}^s(i) = L^s(i) + J \cdot c / \alpha \tag{2.35}$$

式中：$\tilde{L}^s$ 为修复钟跳之后的载波观测值。

2.4 参数估计方法

2.4.1 卡尔曼滤波估计

卡尔曼滤波借助系统建模的状态矩阵和观测数据，利用观测数据来估计随时间不断变化的状态向量，即实时、最优地估计系统的状态向量，并对未来时刻的系统状态向量进行预报。对于一个连续的随时间 t 变化的动态系统，建立连续的状态方程与观测方程：

$$\dot{\boldsymbol{X}}(t) = \boldsymbol{B}(t)\boldsymbol{X}(t) + \boldsymbol{F}(t)\boldsymbol{\Omega}(t) \tag{2.36}$$

$$\boldsymbol{L}(t) = \boldsymbol{A}(t)\boldsymbol{X}(t) + \Delta(t) \tag{2.37}$$

式中：$\boldsymbol{X}(t)$ 为状态向量；$\dot{\boldsymbol{X}}(t)$ 表示 $\boldsymbol{X}(t)$ 对 t 的一阶微分；$\boldsymbol{A}(t)$、$\boldsymbol{B}(t)$、$\boldsymbol{F}(t)$ 表示随时间变化的系数矩阵；$\boldsymbol{L}(t)$ 表示观测向量；$\boldsymbol{\Omega}(t)$ 表示动态噪声；$\Delta(t)$ 表示系统观测噪声。

对于离散化的线性状态方程和观测方程，有：

$$\boldsymbol{X}_k = \boldsymbol{\Phi}_{k,\,k-1}\boldsymbol{X}_{k-1} + \boldsymbol{W}_k \tag{2.38}$$

$$\boldsymbol{L}_k = \boldsymbol{A}_k\boldsymbol{X}_k + \Delta_k \tag{2.39}$$

式中：$\boldsymbol{X}_k$、$\boldsymbol{X}_{k-1}$ 分别为 t_k、t_{k-1} 时刻的状态向量；$\boldsymbol{\Phi}_{k,\,k-1}$ 为 $m \times m$ 阶状态转移矩阵；$\boldsymbol{W}_k$ 为动力模型噪声向量；$\boldsymbol{L}_k$ 为 t_k 时刻观测向量；$\boldsymbol{A}_k$ 为 $n \times m$ 阶设计矩阵，也称为观测矩阵；Δ_k 为观测噪声向量。

设 $\boldsymbol{X}_{k-1}$ 为 t_{k-1} 时刻的状态向量，$\boldsymbol{D}_{X_{k-1}}$ 为其协方差矩阵，$\boldsymbol{L}_k$ 为 t_k 时刻的观测向量，观测噪声向量 Δ_k 和动态噪声向量 $\boldsymbol{W}_k$ 为高斯白噪声误差向量，即

$$\begin{cases} \boldsymbol{D}_{W_k W_j} = \delta_{kj}\boldsymbol{D}_W \\ \boldsymbol{D}_{\Delta_k \Delta_j} = \delta_{kj}\boldsymbol{D}_\Delta \end{cases} \tag{2.40}$$

式中：$\boldsymbol{D}_W$ 和 $\boldsymbol{D}_\Delta$ 分别为 W_k 和 Δ_k 的方差；δ_{kj} 为迪拉克（Dirac）函数，满足条件

$$\delta_{kj} = \begin{cases} 1, & j = k \\ 0, & j \neq k \end{cases} \tag{2.41}$$

一般情况下 $\boldsymbol{D}_{W\Delta} = 0$。则 $\boldsymbol{X}_k$ 的估值 $\hat{\boldsymbol{X}}_k$ 可按照下式求解：

状态一步预测：

$$\overline{X}_k = \boldsymbol{\Phi}_{k,\,k-1}\hat{X}_{k-1} \tag{2.42}$$

一步预测误差方差矩阵：

$$D_{\overline{X}_k} = \boldsymbol{\Phi}_{k,\,k-1}D_{\hat{X}_{k-1}}\boldsymbol{\Phi}_{k,\,k-1}^{\mathrm{T}} + D_{\mathrm{W}_k} \tag{2.43}$$

滤波增益矩阵：

$$\boldsymbol{J}_k = D_{X_k}\boldsymbol{A}_k^{\mathrm{T}}(\boldsymbol{A}_k D_{\overline{X}_k}\boldsymbol{A}_k^{\mathrm{T}} + \boldsymbol{D}_\Delta)^{-1} \tag{2.44}$$

状态估计：

$$\hat{X}_k = \overline{X}_k + \boldsymbol{J}_k(\boldsymbol{L}_k - \boldsymbol{A}_k\overline{X}_k) \tag{2.45}$$

状态估计误差方差矩阵：

$$D_{\hat{X}_k} = (\boldsymbol{I} - \boldsymbol{J}_k\boldsymbol{A}_k)D_{\overline{X}_k} \tag{2.46}$$

由此可见，卡尔曼滤波方程式是一组递推公式，是一个不断预报又不断修正的过程，也是通过每一个观测向量 $\boldsymbol{L}(t)$ 而估计随时间不断变化的状态向量 $\boldsymbol{X}(t)$ 的过程。卡尔曼滤波不需要预先获得大量的观测数据就可进行，在获得新的观测数据后，可随时计算新的滤波值及对状态矩阵进行调整，便于实时处理结果。增益矩阵 $\boldsymbol{J}_k$ 与观测数据无关，可预先算出，减少了实时处理的工作量。

2.4.2　序贯最小二乘估计

序贯最小二乘平差在大地测量等领域具有广泛的应用。假设在 t_k 时刻有观测向量 $\boldsymbol{L}_k$，其相应的协方差矩阵为 $\boldsymbol{Q}_k$，权矩阵为 $\boldsymbol{P}_k = \boldsymbol{Q}_k^{-1}$，在 t_{k-1} 时刻有 $\boldsymbol{L}_{k-1}$ 和 $\boldsymbol{Q}_{k-1}$，模型参数向量估计值 $\hat{X}_{k-1}$，误差方程为：

$$\boldsymbol{V}_k = \boldsymbol{A}_k\hat{X}_k - \boldsymbol{L}_k \tag{2.47}$$

式中：$\boldsymbol{V}_k$ 为 $\boldsymbol{L}_k$ 的残差向量；$\boldsymbol{A}_k$ 为设计矩阵；$\hat{X}_k$ 为 t_k 历元时刻的状态估计向量。由于参数具有先验期望和先验方差，则参数估计的最小二乘原则为：

$$\Omega = \boldsymbol{V}_k^{\mathrm{T}}\boldsymbol{P}_k\boldsymbol{V}_k + (\hat{X}_k - \hat{X}_{k-1})^{\mathrm{T}}\boldsymbol{P}_{\hat{X}_{k-1}}(\hat{X}_k - \hat{X}_{k-1}) = \min \tag{2.48}$$

式 (2.48) 对 $\hat{X}_k$ 求极值，并顾及误差方程得到：

$$\boldsymbol{A}_k^{\mathrm{T}}\boldsymbol{P}_k\boldsymbol{V}_k + \boldsymbol{P}_{\hat{X}_{k-1}}(\hat{X}_k - \hat{X}_{k-1}) = 0 \tag{2.49}$$

将 t_k 时刻的观测方程代入式 (2.49) 得到：

$$(\boldsymbol{A}_k^{\mathrm{T}}\boldsymbol{P}_k\boldsymbol{A}_k + \boldsymbol{P}_{\hat{X}_{k-1}})\hat{X}_k = (\boldsymbol{A}_k^{\mathrm{T}}\boldsymbol{P}_k\boldsymbol{L}_k + \boldsymbol{P}_{\hat{X}_{k-1}}\hat{X}_{k-1}) \tag{2.50}$$

可得：

$$\hat{X}_k = (A_k^T P_k A_k + P_{\hat{X}_{k-1}})^{-1}(A_k^T P_k L_k + P_{\hat{X}_{k-1}}\hat{X}_{k-1}) \qquad (2.51)$$

令

$$P_{\hat{X}_k} = A_k^T P_k A_k + P_{\hat{X}_{k-1}} \qquad (2.52)$$

则有：

$$\hat{X}_k = P_{\hat{X}_k}^{-1}(A_k^T P_k L_k + P_{\hat{X}_{k-1}}\hat{X}_{k-1}) \qquad (2.53)$$

于是，得到 $P_{\hat{X}_k}$ 的逆矩阵，也就是相应的 $\hat{X}_k$ 的协方差矩阵为：

$$Q_{\hat{X}_k} = (A_k^T P_k A_k + P_{\hat{X}_{k-1}})^{-1} \qquad (2.54)$$

可以得到序贯平差的公式：

$$\hat{X}_k = Q_{\hat{X}_k}(A_k^T P_k L_k + P_{\hat{X}_{k-1}}\hat{X}_{k-1}) \qquad (2.55)$$

考虑到 $k-1$ 历元单独平差可以得到：

$$\hat{X}_{k-1} = Q_{\hat{X}_{k-1}} A_{k-1}^T P_{k-1} L_{k-1} \qquad (2.56)$$

从而得到以下两个公式：

$$A_{k-1}^T P_{k-1} L_{k-1} = Q_{\hat{X}_{k-1}}^{-1}\hat{X}_{k-1} \qquad (2.57)$$

$$Q_{\hat{X}_{k-1}}^{-1} = P_{\hat{X}_{k-1}} = Q_{\hat{X}_k}^{-1} - A_k^T P_k A_k \qquad (2.58)$$

则得到序贯平差的另一个表达公式：

$$\hat{X}_k = \hat{X}_{k-1} + Q_{\hat{X}_k} A_k^T P_k(L_k - B_k\hat{X}_{k-1}) \qquad (2.59)$$

如果令

$$J = Q_{\hat{X}_k} A_k^T P_k \qquad (2.60)$$

$$l_k = L_k - B_k\hat{X}_{k-1} \qquad (2.61)$$

则得到：

$$\hat{X}_k = \hat{X}_{k-1} + Jl_k \qquad (2.62)$$

对式 (2.58) 两边左乘，顾及式 (2.60) 可得：

$$Q_{\hat{X}_k} Q_{\hat{X}_{k-1}}^{-1} = I - Q_{\hat{X}_k} A_k^T P_k A_k = I - JA_k \qquad (2.63)$$

由矩阵反演公式可知：

$$\boldsymbol{Q}_{\hat{X}_k} = (\boldsymbol{A}_k^{\mathrm{T}} \boldsymbol{P}_k \boldsymbol{A}_k + \boldsymbol{P}_{\hat{X}_{k-1}})^{-1} = (\boldsymbol{Q}_{\hat{X}_{k-1}}^{-1} + \boldsymbol{A}_k^{\mathrm{T}} \boldsymbol{P}_k \boldsymbol{A}_k)^{-1}$$

$$= \boldsymbol{Q}_{\hat{X}_{k-1}} - \boldsymbol{Q}_{\hat{X}_{k-1}} \boldsymbol{A}_k^{\mathrm{T}} (\boldsymbol{P}_k^{-1} + \boldsymbol{Q}_{\hat{X}_{k-1}} \boldsymbol{A}_k^{\mathrm{T}})^{-1} \boldsymbol{A}_k^{\mathrm{T}} \boldsymbol{Q}_{\hat{X}_{k-1}} \qquad (2.64)$$

对比式(2.64)与式(2.63)可知：

$$\boldsymbol{J} = \boldsymbol{Q}_{\hat{X}_{k-1}} \boldsymbol{A}_k^{\mathrm{T}} (\boldsymbol{P}_k^{-1} + \boldsymbol{A}_k \boldsymbol{Q}_{\hat{X}_{k-1}} \boldsymbol{A}_k^{\mathrm{T}})^{-1} \qquad (2.65)$$

$\boldsymbol{J}$ 矩阵称为卡尔曼滤波增益矩阵或称为序贯平差的增益矩阵。

2.5　整周模糊度固定

载波相位观测值在精密定位中实现了厘米级的单点定位，但是整周模糊度的存在，使得短时间内实现高精度定位成为巨大挑战。自提出精密单点定位技术以来，模糊度固定问题已经成为 GNSS 技术中的重要热点问题。在实践中，基于最小二乘估计理论的 LAMBDA (the least-squares ambiguity decorrelation adjustment)方法被广泛采用。

(1)模糊度固定步骤。

在 GNSS 数据处理中，有载波观测方程可表示为：

$$E(\boldsymbol{y}) = \boldsymbol{A}\boldsymbol{a} + \boldsymbol{B}\boldsymbol{b} + \varepsilon \qquad (2.66)$$

式中：$E(\cdot)$ 表示数学期望算子；$\boldsymbol{y}$ 表示 GNSS 的 m 维观测向量；$\boldsymbol{a}$ 和 $\boldsymbol{b}$ 分别表示维数为 n 和 p 的未知参数向量，其中 $\boldsymbol{a}$ 表示整周模糊度向量，单位为周，并且满足 $\boldsymbol{a} \in Z^n$，$\boldsymbol{b}$ 表示测站位置参数向量(一般为位置参数，有时包含大气延迟等参数)，$\boldsymbol{b}$ 满足关系式 $\boldsymbol{b} \in R^p$；$\boldsymbol{A}$ 和 $\boldsymbol{B}$ 分别为相应参数的设计矩阵；ε 为观测噪声。

在整数最小二乘条件下，满足参数 $\boldsymbol{a}$ 为整数：

$$\min_{a,\,b} \| \boldsymbol{y} - \boldsymbol{A}\boldsymbol{a} - \boldsymbol{B}\boldsymbol{b} \|_{Q_y}^2,\ \boldsymbol{a} \in Z^n,\ \boldsymbol{b} \in R^n \qquad (2.67)$$

式中：加权平方范数 $\| \cdot \|_{Q_y}^2 = (\cdot)^{\mathrm{T}} \boldsymbol{Q}_y^{-1} (\cdot)$，$\boldsymbol{Q}_y$ 为观测向量 $\boldsymbol{y}$ 的方差阵。采用最小二乘求解式(2.67)的参数问题，可分为三步。

第一步，首先忽略模糊度 $\boldsymbol{a}$ 的整周约束，基于一般最小二乘方法估计出模糊度参数 $\hat{\boldsymbol{a}}$ 和其他类参数 $\hat{\boldsymbol{b}}$ 以及相应的协方差矩阵：

$$\begin{bmatrix} \hat{b} \\ \hat{a} \end{bmatrix}, \begin{bmatrix} Q_{\hat{b}\hat{b}} & Q_{\hat{b}\hat{a}} \\ Q_{\hat{a}\hat{b}} & Q_{\hat{a}\hat{a}} \end{bmatrix} \tag{2.68}$$

第二步，基于模糊度浮点解 $\hat{a}$ 和协方差矩阵 $Q_{\hat{a}\hat{a}}$，利用式(2.69)条件进行模糊度整数解的确定：

$$\min_{\breve{a}} \parallel \hat{a} - \breve{a} \parallel^2_{Q_{\hat{a}\hat{a}}^{-1}}, \ \breve{a} \in Z^n \tag{2.69}$$

第三步，将相位模糊度固定为整周数后，就可以根据模糊度整数解 $\breve{a}$ 对其他未知参数的实数解进行修正，从而得到固定解 $\breve{b}$ 及其协方差矩阵 $Q_{\breve{b}\breve{b}}$：

$$\begin{cases} \breve{b} = \hat{b} - Q_{\hat{b}\hat{a}} Q_{\hat{a}\hat{a}}^{-1}(\hat{a} - \breve{a}) \\ Q_{\breve{b}} = Q_{\hat{b}} - Q_{\hat{b}\hat{a}} Q_{\hat{a}\hat{a}}^{-1} Q_{\hat{a}\hat{b}} \end{cases} \tag{2.70}$$

（2）LAMBDA 算法。

LAMBDA 算法主要包含两个步骤。第一步，搜索空间变化，即模糊度降相关处理和整数模糊度搜索。

由于模糊度间存在相关性，$Q_{\hat{a}\hat{a}}^{-1}$ 并不是对角矩阵，为了提高搜索效率，LAMBDA 算法采用 Z 变换进行降相关处理[114, 115]。

$$\begin{cases} \hat{z} = Z\hat{a} \\ Q_{\hat{z}} = ZQ_{\hat{a}\hat{a}}Z^{\mathrm{T}} \end{cases} \tag{2.71}$$

式中：Z 为可逆整数转换矩阵，满足 Z 的所有元素均为整数及 $|\mathrm{Det}(Z)| = 1$。因此，Z 变换也称为整数变换。Z 变换之后，$Q_{\hat{z}}$ 实现对角化，非对角线元素尽可能变小。

变换之后的模糊度向量 $\hat{z}$ 对应的模糊度搜索空间变为：

$$(\hat{z} - \breve{z})^{\mathrm{T}} Q_{\hat{z}}^{-1} (\hat{z} - \breve{z}) \leqslant \chi^2 \tag{2.72}$$

（3）模糊度检核。

Ratio-test 是模糊度固定可靠性的指标，定义为次优整数解的残差二次型与最优整数解残差二次型的比值，表征了浮点解与最优解向量的接近程度，即

$$R = \frac{\|\hat{\boldsymbol{a}} - \breve{\boldsymbol{a}}_2\|^2_{Q_{\hat{a}\hat{a}}}}{\|\hat{\boldsymbol{a}} - \breve{\boldsymbol{a}}_1\|^2_{Q_{\hat{a}\hat{a}}}} \geq c \qquad (2.73)$$

式中：c 为临界值；R 为 ratio 检验量，如果 R 大于 c，则认为固定的模糊度 $\breve{\boldsymbol{a}}_1$ 有效，否则认为固定失败。根据经验，阈值 c 的取值一般为 $1.5 \sim 5$。

2.6　精密单点定位性能验证

本节在现有 GNSS 高精度数据处理基础上进行研究，对目前基本的单系统及多系统精密单点定位的性能进行简略的分析。试验中，本节从多系统定位服务实验网（the multi-GNSS experiment，MGEX）中选择了全球分布的 233 个多系统监测站，采集了 2019 年 9 月 5 日全天的观测数据，其采样间隔为 30 s。24 h 的观测数据每隔 3 h 作为一段独立数据进行处理。本节采用了 GFZ 公布的多系统精密卫星轨道和钟差产品，分别解算了 GPS（G）单系统和 GPS/BDS（GC）、GPS/GLONASS（GR）、GPS/Galileo（GE）、GPS/GLONAS/BDS/Galileo（GRCE）多系统组合模式下的静态 PPP 定位结果，并以 IGS 公布的测站周解坐标进行精度评定。

2.6.1　单/多系统定位性能

（1）PDOP 值与可见卫星数。

空间位置精度衰减因子（position dilution of precision，PDOP）与可见卫星数是影响定位结果的重要指标。因此，图 2.1 和图 2.2 分别展示了测站 CUT0 在单系统和多系统下的 PDOP 和可见卫星数的变化。由图 2.1 可知，对于单 GPS 系统，其 PDOP 值明显高于多系统，并且变化较大，经常发生较大的跳变。这表明在单系统情况下，单颗卫星的增加与减少对于 PDOP 值的影响较大，而在多系统组合定位模式下，总卫星数的增加使 PDOP 值明显减小，并提高了系统的稳定性。由表 2.3 可知，卫星高度截止角为 7° 时，单 GPS 系统平均可见卫星数大约 9 颗，双系统组合为 14~20 颗，而四系统组合约为 32 颗。

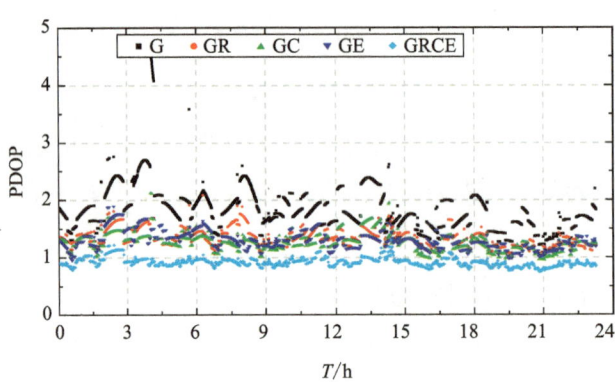

图 2.1　测站 CUT0 单系统与多系统组合的 PDOP 值时间序列

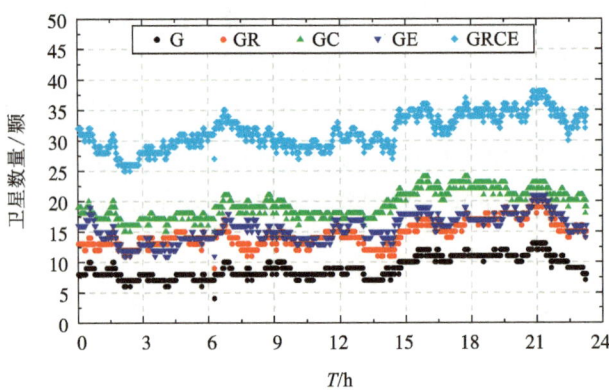

图 2.2　测站 CUT0 单系统和多系统组合的可见卫星数时间序列

表 2.3　测站 CUT0 单系统和多系统组合的平均可见卫星数及 PDOP 值

	G	GR	GC	GE	GRCE
平均 PDOP	1.82	1.34	1.25	1.30	0.92
平均可见卫星数/颗	9.1	14.6	19.4	15.7	31.6

(2)定位精度。

图 2.3 给出了 5 种组合下的平均定位精度。显然，四系统组合定位精度最

高，三维(3D)方向精度达到 1.61 cm，相比于单 GPS 系统的 1.87 cm，提高了 13.9%。在东方向、北方向、高程方向三个方向上，东方向的提升最为明显，精度从单 GPS 系统的 1.02 cm 提升到四系统的 0.69 cm，提高 32.4%，对于北方向和高程方向，相比于单 GPS 系统，四系统组合定位精度分别提高 10.4% 和 7.3%。从表 2.4 可知，不论是单 GPS 系统还是多系统组合，3 h 的静态 PPP 定位解可以达到 2 cm 以内。

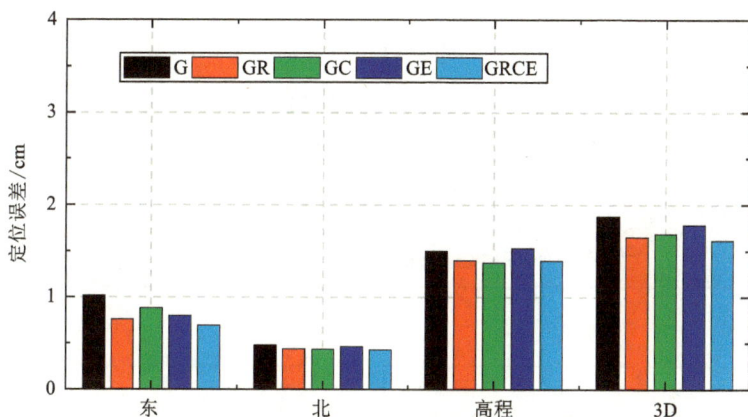

图 2.3　单系统和多系统组合在不同方向上的平均定位精度

表 2.4　单系统和多系统组合在不同方向上的平均定位精度

方向	平均定位精度/cm				
	G	GR	GC	GE	GRCE
东	1.02	0.76	0.88	0.80	0.69
北	0.48	0.44	0.43	0.46	0.43
高程	1.50	1.40	1.37	1.53	1.39
3D	1.87	1.65	1.69	1.79	1.61

2.6.2　单/多系统收敛时间

相比于单系统，多系统不仅在最终的定位精度上有提高，在精度收敛上也提升明显。图 2.4 给出了 3 h 内，不同系统在每个时刻的定位精度。由此可见，多系统明显加快了 PPP 定位精度的收敛速度。对于每个方向来说，在定位初始化阶段，双系统定位优于单系统的性能，四系统的定位效果最好。表 2.5 给出了不同系统组合达到指定精度所需要的时间。对于单 GPS 系统，精度达到 20 cm 所需要的时间是 8 min，对于双系统组合定位，大约需要 6.5 min，而对于四系统组合定位，仅需要 5 min。将精度指标设置为 5 cm 时，多系统组合定位的提升更为明显，四系统组合定位仅需要 21 min，而单 GPS 系统却需要 43 min 才能实现。

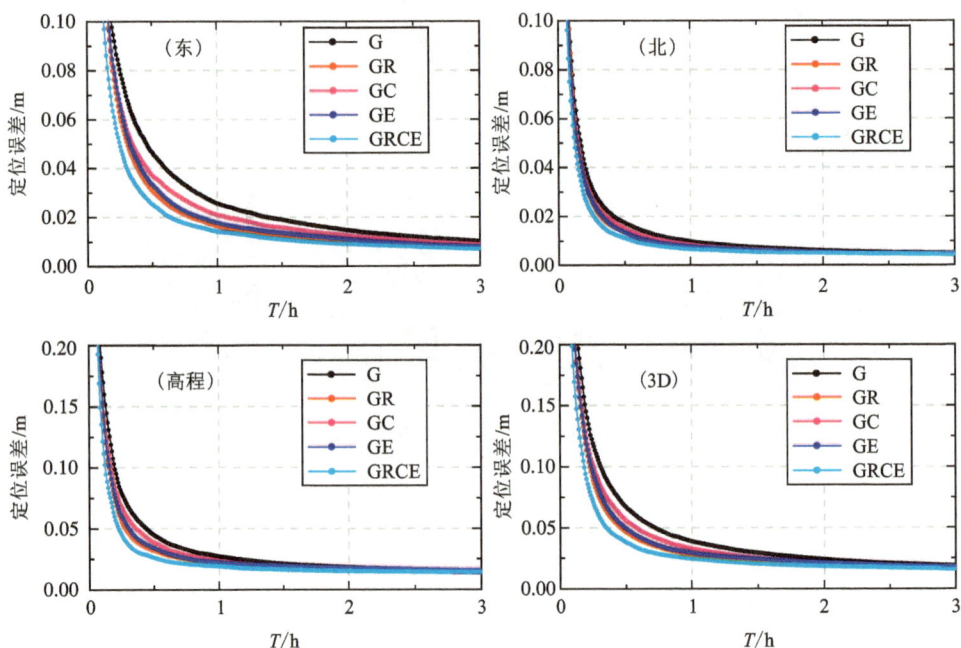

图 2.4　单系统和多系统组合 3 h 内在不同方向上的定位精度时间序列

表 2.5　单系统和多系统组合定位结果达到不同精度指标所需要的收敛时间

3D 定位精度	所需要的时间/min				
/cm	G	GR	GC	GE	GRCE
20	8	6.5	6.5	6.5	5
10	18.5	13	15	14	10.5
5	43	27	34.5	29.5	21

2.6.3　模糊度固定解结果

　　除了利用多系统组合实现快速高精度定位，基于模糊度固定的定位解同样可以快速获取高精度稳定的定位结果。为了分析模糊度固定的效果，本节选择 NNOR 和 ZIMJ 两个测站实现 GPS 定位的模糊度固定解。图 2.5 和图 2.6 给出了固定解(AR)和浮点解(float)在不同方向的结果。基于模糊度固定的定位解

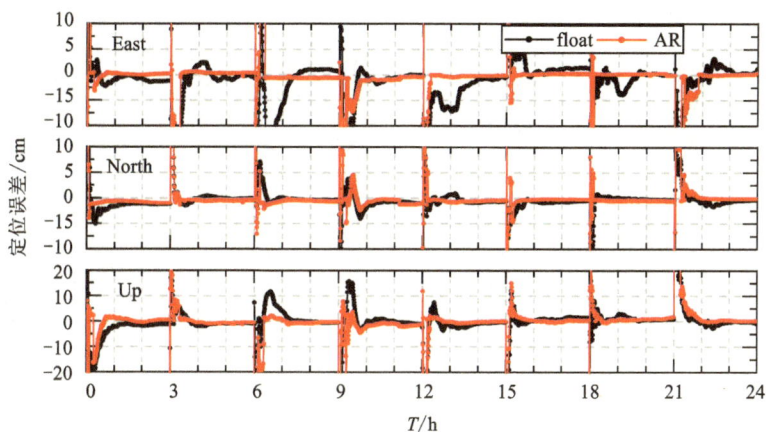

图 2.5　NNOR 测站的浮点解和固定解精度时间序列(3 h 初始化一次)

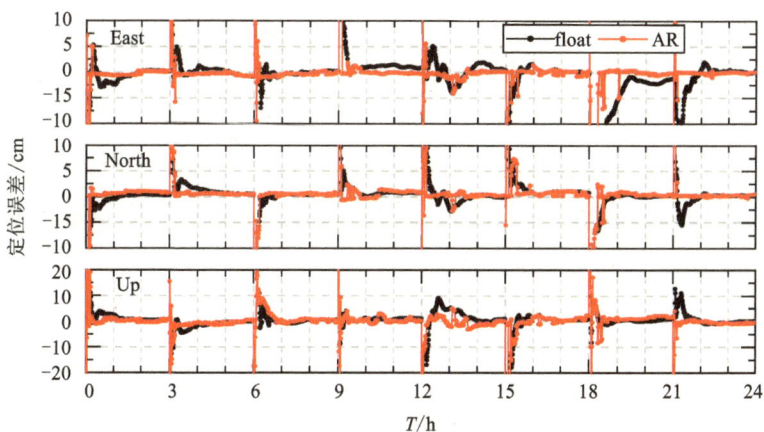

图 2.6　ZIMJ 测站的浮点解和固定解精度时间序列(3 h 初始化一次)

明显加快了精度的收敛，同时，保持了定位解序列的稳定，提高了定位结果的可靠性。由表 2.6 可知，对于定位结果，NNOR 和 ZIMJ 固定解相对于浮点解在三维方向上的精度分别提升 34.9% 和 20.0%，实现了毫米级的静态定位解；而在东方向上的提升效果更加明显，NNOR 和 ZIMJ 测站分别提升 65.7% 和47.9%。

表 2.6　GPS 模糊度浮点解和固定解 3 h 定位精度

测站	定位解	定位精度/cm			
		东方向	北方向	高程方向	3D 方向
NNOR	float	0.67	0.60	0.93	1.29
	AR	0.23	0.52	0.62	0.84
ZIMJ	float	0.48	0.43	0.56	0.85
	AR	0.25	0.53	0.34	0.68

2.7　本章小结

本章首先详细地阐述了精密单点定位基本的观测方程以及不同定位模型中的观测值组合，深入分析了 GNSS 观测值中与卫星、传播路径和测站有关的误差及其相应的改正模型或消除方法。其次，阐述了数据预处理中的周跳探测和接收机钟跳探测与修复方法；简述了 PPP 定位中参数估计的两种常用方法——卡尔曼滤波估计和序贯最小二乘估计；同时，特别阐述了 PPP 中模糊度固定的基本原理和实现步骤。最后，利用实测数据，给出了不同 GNSS 组合的定位结果以及 GPS 模糊度固定解的精度，明确了本章的研究基础。

第3章

精密单点定位模糊度固定方法等价性

　　模糊度固定技术是实现 PPP 快速高精度定位的一个重要方法，而相位小数偏差 FCB 的估计是实现这一方法的重要前提。目前，常用的 PPP 定位方法主要有两种基本的模型，即基于消电离层组合观测值的 IF-PPP 模型和基于原始观测数据的非组合 PPP(U-PPP)模型。在非组合 PPP 模型中，伪距和载波相位观测值中的电离层延迟需要作为未知参数进行估计。根据是否有外部的电离层先验信息参与估计，把非组合 PPP 模型分为附加电离层约束的 IC-PPP 模型和无电离层约束的 UU-PPP 模型。考虑到不同模型之间存在差异，采用不同 PPP 模型进行相位偏差估计，从而进行 PPP 模糊度固定解的一致性和兼容性研究。

3.1　引言

　　精密单点定位技术利用 IGS 公布的精密卫星轨道和钟差产品，实现静态厘米级或动态分米级的定位结果，然而定位精度收敛需要较长时间，这严重限制了 PPP 技术的应用[12]。而模糊度固定技术可以获得更加稳定可靠的定位结果，并显著提高定位精度和减少收敛时间[45]。

　　自从基于宽巷和窄巷 FCB 实现模糊度固定的方法被提出后[58]，许多学者进行了更加深入的研究。FCB 的方法通过估计星间单差的相位偏差来改正浮点模糊度，从而恢复模糊度的整数特性[30]。IRC 模型[60]和 DSC 模型[61]通过估计包含相位偏差的卫星钟差来恢复模糊度整数特性。这些方法已经被证明在理论和实践上是完全等价的[62, 63]。随着 PPP 技术的发展，基于原始观测数据的非组合 PPP 模型已经成为研究热点。非组合 PPP 模型可以用于处理多频数据，并且没有放大观测噪声，更加容易实现模糊度固定解[116]，非组合 PPP 模型在单频和双频中的定位性能已经得到验证[117-119]。

研究不同 PPP 模型估计 FCB 与实现模糊度固定的差异与共性，是出于两方面的考虑。一是用户需要采用与服务端相同的观测值组合实现模糊度固定，或者将接收到的 FCB 转换到用户需要的组合形式。这将会导致一些潜在的转换偏差或者由不同方法估计 FCB 导致兼容性偏差。例如，DCB 与电离层延迟对于 FCB 估计的影响需要深入研究分析。二是估计每个频率对应的相位偏差，以自主进行线性组合，方便用户灵活使用。这种估计与播发策略在 SSR 信息中更加方便，有利于实时 PPP 模糊度固定的实现[99, 120]。Cheng 等（2017）对消电离层组合 PPP 和非组合 UU-PPP 估计 FCB 的结果进行了初步的分析，证明两种模型估计的 FCB 结果在窄巷和宽巷中的差异分别为 0.05 周和 0.02 周[121]。

因此，深入研究不同 PPP 模型估计 FCB 的差异仍然是一个十分重要的课题。本章从理论分析和实验结果深入研究了 FCB 结果的等价性，并从定位精度、收敛时间和模糊度固定成功率等方面评估了 PPP 模糊度固定解的性能。

3.2 基于组合和非组合 PPP 模型的 FCB 估计

3.2.1 基于组合 PPP 模型的 FCB 估计

在消电离层组合 PPP 模型中，消电离层组合模糊度的整数特性被消电离层组合系数破坏，不能通过直接改正相位偏差而恢复模糊度的整数特性。但是，消电离层组合模糊度实数解可以被分解为具备整数特性的宽巷模糊度和窄巷模糊度的组合，即

$$\lambda_{IF} \widetilde{N}_{IF} = \lambda_{IF} N_{IF} + (\lambda_{IF} b_{r, IF} - d_{r, IF}) - (\lambda_{IF} b_{IF}^s - d_{IF}^s)$$

$$= \lambda_{NL} \widetilde{N}_1 + c f_2 \widetilde{N}_{WL}/(f_1^2 - f_2^2) \tag{3.1}$$

式中：$\lambda_{NL} = c/(f_1 + f_2)$ 是窄巷模糊度的波长。从式(3.1)可以看出，如果分别固定

对应的宽巷模糊度和窄巷模糊度,组合之后的消电离层组合模糊度也就被固定。

对于浮点宽巷模糊度,宽巷的波长较长,例如,GPS 系统对应的前两个频率的宽巷波长约为 86 cm,大于伪距的观测噪声。通过均值滤波之后,伪距的观测噪声被极大地减弱。因此,对于一个连续弧段(不发生周跳情况下),宽巷模糊度可以利用均值滤波处理 Melbourne-Wübbena（MW）组合观测值的方法估计得到:

$$
\begin{cases}
\widetilde{N}^{s}_{r,\,WL} = \langle\,[\,(f_1 L^{s}_{r,\,1} - f_2 L^{s}_{r,\,2})/(f_1 - f_2) - \\
\qquad\qquad (f_1 \overline{P}^{s}_{r,\,1} + f_2 \overline{P}^{s}_{r,\,2})/(f_1 + f_2)\,]/\lambda_{WL}\,\rangle \\
\qquad = N^{s}_{r,\,WL} + B_{r,\,WL} - B^{s}_{WL} \\
B_{r,\,WL} = \left\langle B_r - \dfrac{\lambda_{NL}}{\lambda_{WL}}\left(\dfrac{d_{r,\,1}}{\lambda_1} + \dfrac{d_{r,\,2}}{\lambda_2}\right)\right\rangle \\
B^{s}_{WL} = \left\langle B^s - \dfrac{d^{s}_{IF}}{\lambda_{WL}}\right\rangle
\end{cases}
\tag{3.2}
$$

式中:$\overline{P}^{s}_{r,\,f}$ 是经过卫星 DCB 改正之后的伪距观测值;$\widetilde{N}^{s}_{r,\,WL}$ 是对应的宽巷模糊度浮点解;$N^{s}_{r,\,WL}$ 是对应的整数宽巷模糊度;$B_{r,\,WL}$ 和 B^{s}_{WL} 是对应的接收机和卫星端的相位小数偏差,其中包含了硬件码延迟和相位延迟的小数部分,而整数部分被 $N^{s}_{r,\,WL}$ 吸收。此外,需要注意的是,在这个 MW 组合观测值中,卫星端的 DCB 偏差已经被改正。由于宽巷的波长较长,比较容易固定,如果利用宽巷相位偏差恢复宽巷模糊度的整数特性,宽巷相位偏差的精度将会影响窄巷模糊度的求解。因此,宽巷模糊度只经过宽巷相位偏差的改正,将其固定到最近的整数,而不是修正到具备整数特性的实数模糊度。当宽巷模糊度固定之后,窄巷模糊度就可以根据消电离层实数解和宽巷模糊度整数解直接得到:

$$
\begin{cases}
\widetilde{N}^{s}_{r,\,NL} = [\,\lambda_{IF}\widetilde{N}^{s}_{r,\,IF} - cf_2 N^{s}_{r,\,WL}/(f_1^2 - f_2^2)\,]/\lambda_{NL} \\
\qquad = N^{s}_{r,\,NL} + B_{r,\,NL} - B^{s}_{NL} \\
B_{r,\,NL} = b_{r,\,1} + \dfrac{cf_2}{\lambda_{NL}(f_1^2 - f_2^2)} B_{r,\,WL} \\
B^{s}_{NL} = b^{s}_1 + \dfrac{cf_2}{\lambda_{NL}(f_1^2 - f_2^2)} B^{s}_{WL}
\end{cases}
\tag{3.3}
$$

式中：$\widetilde{N}_{r,\,NL}^{s}$ 是实数解的窄巷模糊度；$N_{r,\,NL}^{s}$ 是对应的整数窄巷模糊度；$B_{r,\,NL}$ 和 B_{NL}^{s} 是对应的接收机和卫星端的窄巷相位偏差。当窄巷模糊度经过相位小数偏差改正之后，可以利用 LAMBDA 固定方法获得窄巷的最优整数解，然后经过窄巷模糊度和宽巷模糊度的固定之后，可以获得固定整数模糊度的消电离层组合模糊度。在服务端，获得所有卫星和参考测站接收机的相位偏差改正后，播发给用户，在用户端实现模糊度固定解。对于用户端来说，接收机端的相位偏差取决于其本身的接收机设备，通过星间单差操作可以完全消除接收机端相位偏差的影响。

3.2.2 基于非组合 PPP 模型的 FCB 估计

在标准非组合 UU-PPP 模型中，因为没有额外的电离层改正信息约束，电离层延迟估计参数中包含了接收机 DCB 偏差。因此，在 UU-PPP 模型中，浮点模糊度解可以表示为：

$$\widetilde{N}_{r,\,f}^{s}=(N_{r,\,f}^{s}+b_{r,\,f}-b_{f}^{s})-(d_{r,\,IF}-d_{IF}^{s})/\lambda_{f}+\gamma_{f}\beta_{12}D_{r}/\lambda_{f} \tag{3.4}$$

如果利用已知的电离层延迟信息在非组合模型中约束电离层延迟参数的估计，可以得到 IC-PPP 模型的浮点模糊度：

$$\widetilde{N}_{r,\,f}=(N_{r,\,f}^{s}+b_{r,\,f}-b_{f}^{s})-(d_{r,\,IF}-d_{IF}^{s})/\lambda_{f} \tag{3.5}$$

显然，两种非组合 PPP 模型模糊度包含的接收机偏差项并不完全一致，相比于 IC-PPP 模型，UU-PPP 模型模糊度中额外吸收了接收机 DCB 的偏差项。

对于非组合模型模糊度，选择窄巷（4，-3）和宽巷（1，-1）的整数组合系数，重新组合成新的模糊度进行组合相位偏差的估计。

因此对于模糊度有整数变换：

$$\begin{bmatrix} \widetilde{N}_{r,\,(4,\,-3)}^{s} \\ \widetilde{N}_{r,\,(1,\,-1)}^{s} \end{bmatrix} = \begin{bmatrix} 4 & -3 \\ 1 & -1 \end{bmatrix} \begin{bmatrix} \widetilde{N}_{r,\,1}^{s} \\ \widetilde{N}_{r,\,2}^{s} \end{bmatrix} \tag{3.6}$$

对应的有相位偏差的整数变换：

$$\begin{bmatrix} B_{(4,\,-3)}^{s} \\ B_{(1,\,-1)}^{s} \end{bmatrix} = \begin{bmatrix} 4 & -3 \\ 1 & -1 \end{bmatrix} \begin{bmatrix} B_{1}^{s} \\ B_{2}^{s} \end{bmatrix} \tag{3.7}$$

3.2.3　FCB 参数估计

在服务端，对于测站 j 观测到的卫星 i，无论是宽巷模糊度、窄巷模糊度，还是非组合模糊度，都可以表示为：

$$\Delta n = \widetilde{N_j^i} - N_j^i = B_j - B^i \tag{3.8}$$

式中：Δn 是浮点模糊度 $\widetilde{N_j^i}$ 的小数部分，包含接收机端和卫星端的相位小数偏差 B_i、B^i；N_j^i 是模糊度整数。在相位小数偏差 FCB 估计的参考网中，假设测站 m 共观测到 n 颗卫星，所有站星观测值的模糊度可以表示为：

$$\begin{bmatrix} \Delta n_1^1 \\ \vdots \\ \Delta n_j^i \\ \vdots \\ \Delta n_m^n \end{bmatrix} = \begin{bmatrix} \boldsymbol{R}_1 & \boldsymbol{S}^1 \\ \vdots & \vdots \\ \boldsymbol{R}_j & \boldsymbol{S}^i \\ \vdots & \vdots \\ \boldsymbol{R}_m & \boldsymbol{S}^n \end{bmatrix} \begin{bmatrix} B_1 \\ \vdots \\ B_j \\ \vdots \\ B_m \\ B^1 \\ \vdots \\ B^i \\ \vdots \\ B^n \end{bmatrix} \tag{3.9}$$

式中：$\boldsymbol{R}_j$ 和 $\boldsymbol{S}^i$ 是接收机 j 和卫星 i 对应的系数向量，对应于接收机 j 和卫星 i 的元素为 1 和 −1，其余元素为 0。当所有的模糊度整数已经确定，并且其中一个参考站的接收机端相位偏差被固定为 0 时，接收机和卫星端的相位偏差可以通过最小二乘估计得到[25]。为了保持卫星端相位偏差的连续性和一致性，以及修正 Δn 由整数部分不一致造成的残差异常问题，卡尔曼滤波方法被引入进行参数估计[119]，并且采用质量控制方法进行粗差剔除[28, 121]。

3.3　FCB 估计算例与分析

在服务端，基于 IF-PPP 模型的宽巷和窄巷 FCB 以及基于非组合 UU-PPP 及 IC-PPP 模型原始模糊度的 FCB 被分别估计。在 FCB 估计中，选择 IGS 监测网中 162 个参考站组成 FCB 估计的参考网，收集从 2017 年 4 月 10 日到 5 月 09 日共 30 d 的数据进行逐天解算。对于宽巷 FCB 估计，采取一天估计一组偏差值的策略，而对于窄巷相位偏差和非组合相位偏差，由于其短时稳定的特性，采取 15 min 的估计间隔。

本节分别利用 IF-PPP、UU-PPP 和 IC-PPP 模型进行 FCB 估计，给出了宽巷和窄巷组合 FCB 结果的时间序列稳定性及浮点模糊度的验后残差分布，从而评估了不同 PPP 模型估计 FCB 结果的精度。

3.3.1 基于组合 IF-PPP 模型估计的 FCB 结果

（1）宽巷 FCB 结果及精度。

由于宽巷模糊度波长较长，宽巷相位偏差在较长时间内变化较小，因此宽巷相位偏差以一天为时间间隔估计一组结果。如图 3.1 所示，宽巷相位偏差在一天内保持相当高的稳定度。在实时应用中，这有利于实时宽巷 FCB 的预报的实现。但是，也同时注意到，对于 G27 号卫星，在年积日 117 天到 118 天出现

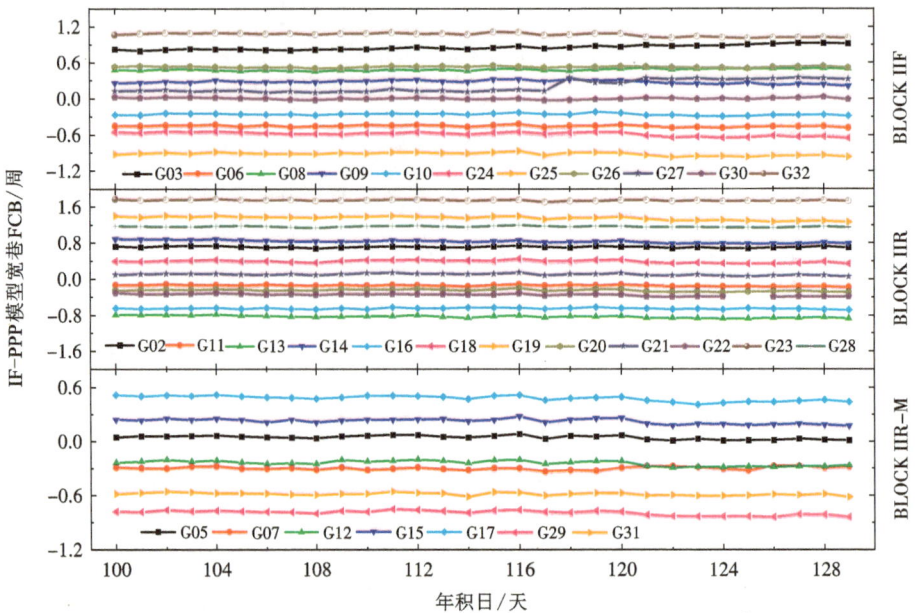

图 3.1 IF-PPP 模型宽巷相位偏差 30 天的时间序列

了较大的波动。这是因为在这两天之间有大约 4 h 的时间卫星被标记为不可用。由此可知，卫星播发信号的中断或者卫星重启播发信号都会导致卫星端相位偏差的跳变。

　　通过 FCB 估计中宽巷浮点模糊度验后残差统计分析图 3.2 可知，84.6% 的残差绝对值小于 0.15 周，95.8% 的残差绝对值小于 0.25 周，其 RMS 为 0.114 周。因此可知，由 MW 组合得到的宽巷模糊度精度优于 0.25 周，完全可以通过最小二乘估计将接收机端和卫星端的相位偏差 FCB 分离出来。

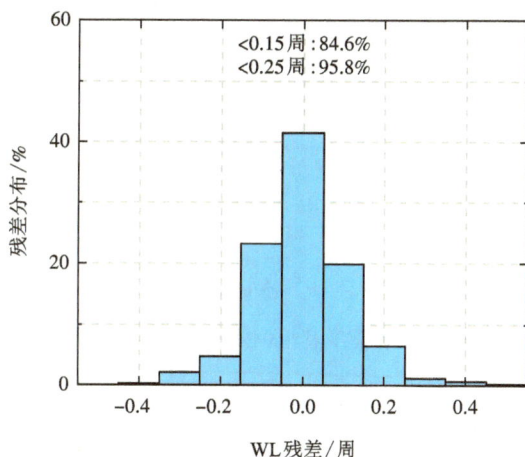

图 3.2　IF-PPP 模型宽巷残差分布(DOY 100, 2017)

　　(2)窄巷 FCB 结果及精度。

　　图 3.3 表明，相比于宽巷相位偏差序列，窄巷相位偏差的稳定性较差。对于 GPS 来说，窄巷模糊度其波长只有大约 10.6 cm。图 3.4 给出了窄巷 FCB 历元间差分的结果分布，90.0% 的历元差分结果小于 0.01 周，99.4% 的历元差分结果小于 0.02 周。因此，窄巷相位偏差估计间隔采用 15 min 到 30 min 都是比较理想的。通过图 3.3 中窄巷 FCB 的变化曲线可以得知，其一天内的最大变化量为 0.18 周。

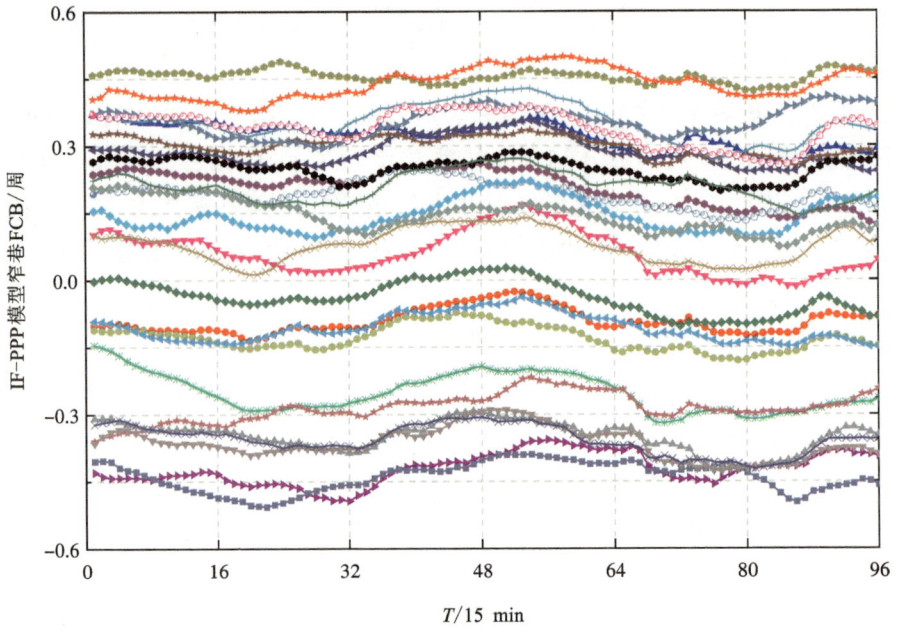

图 3.3　IF-PPP 模型窄巷相位偏差序列（DOY 100, 2017）

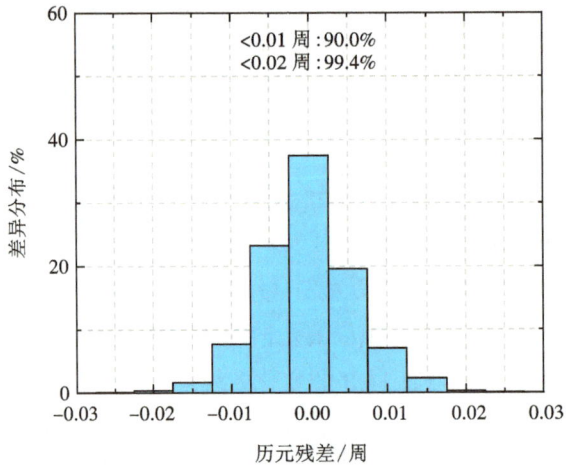

图 3.4　IF-PPP 模型窄巷相位偏差历元间差分结果分布

　　类似于宽巷浮点模糊度验后残差统计，图 3.5 展示了窄巷浮点模糊度验后残差分布，92.9% 的残差小于 0.15 周，97.3% 的残差小于 0.25 周，其 RMS 为 0.067 周。由此可知，窄巷残差分布要优于宽巷残差分布。这是因为，窄巷模糊度是由整数宽巷模糊度和实数消电离层模糊度组合得到的，其精度明显要高于通过 MW 组合得到的宽巷模糊度的精度。所以，窄巷相位偏差估计的残差精度要高于宽巷 FCB 的残差精度。

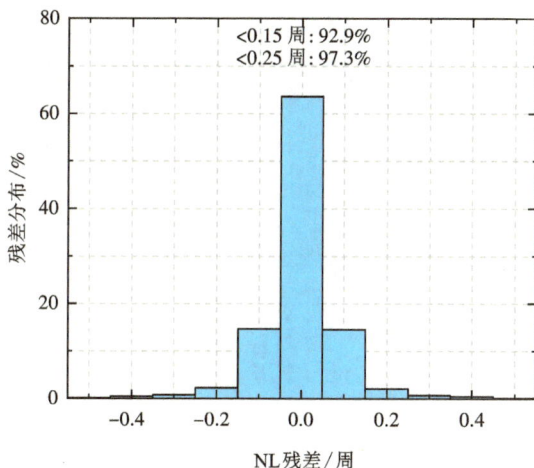

图 3.5　IF-PPP 模型估计窄巷相位偏差的验后残差分布(DOY 100, 2017)

3.3.2　基于非组合 PPP 模型估计的 FCB 结果

　　(1)非组合 FCB 结果。

　　对于 UU-PPP 和 IC-PPP 两个非组合模型，可以直接估计得到每个频率上的模糊度实数解，直接应用到相位偏差的估计中。但是，两个频率上实数模糊度的波长都相对较小，这不利于相位偏差的估计。图 3.6 展示了两种模型两个频率上的相位偏差的序列，很明显，FCB 的波动幅度较大。因此，在实际估计中，采用了(1, −1)和(4, −3)两个整数组合系数进行实数模糊度的转换，将转换后的模糊度应用于相位偏差的估计[107]。

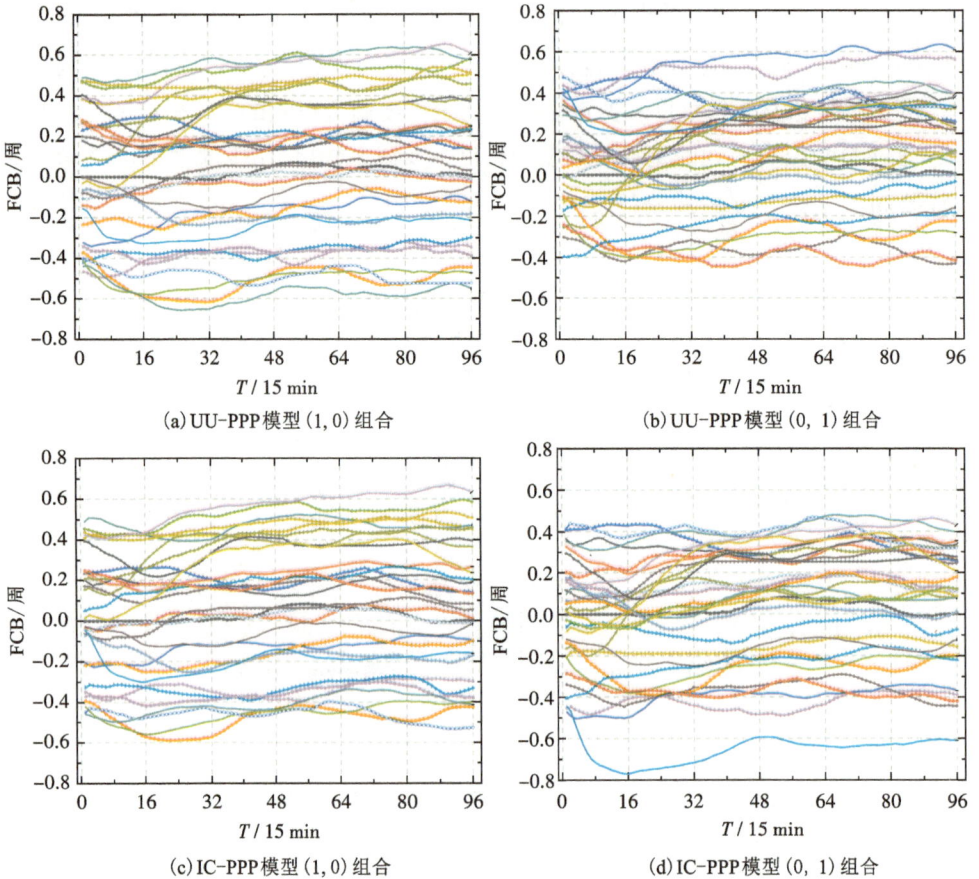

(a) UU-PPP 模型 (1, 0) 组合

(b) UU-PPP 模型 (0, 1) 组合

(c) IC-PPP 模型 (1, 0) 组合

(d) IC-PPP 模型 (0, 1) 组合

图 3.6　UU-PPP 和 IC-PPP 模型双频非组合 FCB 的时间序列

（2）宽巷和窄巷整数组合的 FCB 结果及精度。

图 3.7 展示了 UU-PPP 模型和 IC-PPP 模型中，利用 (4, -3) 和 (1, -1) 整数组合系数进行估计对应的相位偏差的结果。这种整数变换之后的 FCB 序列更加稳定平滑，特别是对于 (1, -1) 宽巷系数组合而言，这证明了宽巷模糊度及对应的宽巷相位偏差在一天时间间隔内是相当稳定的。这种转换具有较大优势，尤其是在采用卡尔曼滤波估计处理时。本章采用卡尔曼滤波估计，对于 (1, -1) 的相位偏差采用常量估计的策略，而对于 (4, -3) 的窄巷组合，其对应的过程噪声设置为 0.05 周。

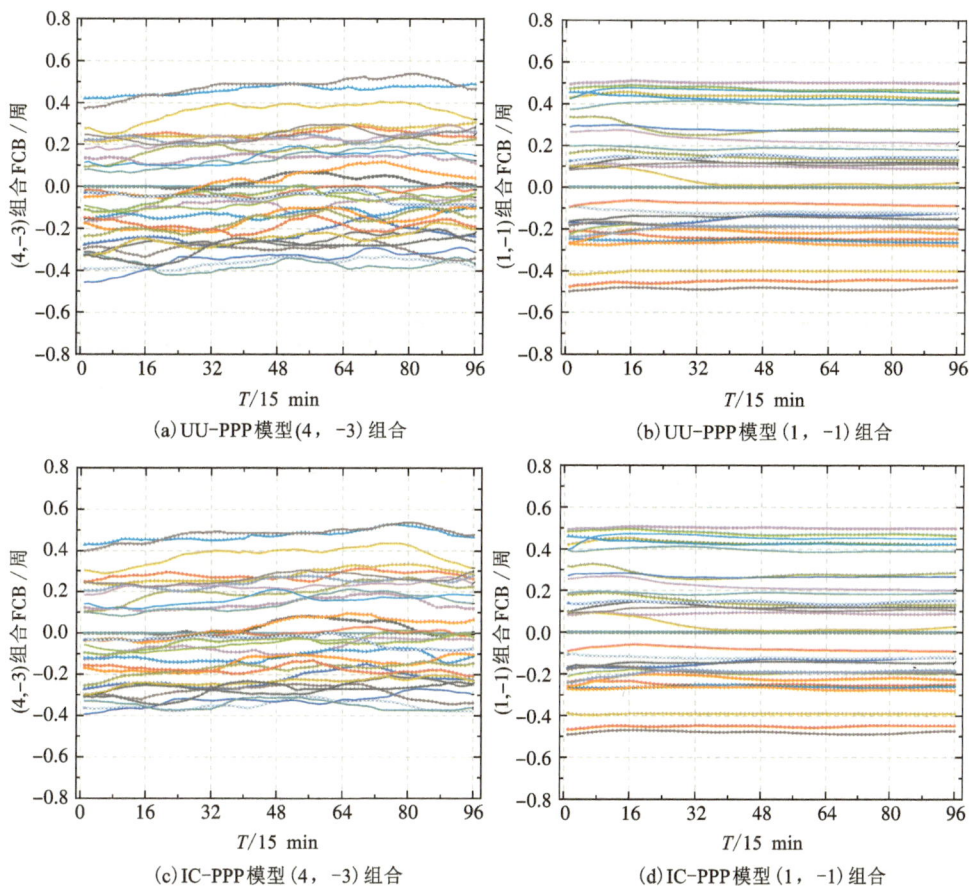

(a) UU-PPP模型(4，-3)组合

(b) UU-PPP模型(1，-1)组合

(c) IC-PPP模型(4，-3)组合

(d) IC-PPP模型(1，-1)组合

图 3.7　UU-PPP 和 IC-PPP 模型窄巷和宽巷 FCB 组合序列

图 3.8 给出了对应的宽巷和窄巷组合的浮点模糊度验后残差分布。对于 UU-PPP 和 IC-PPP 模型，其宽巷浮点模糊度验后残差 RMS 分别为 0.078 周和 0.079 周，精度明显优于 IF-PPP 模型。相比于 IF-PPP 模型，非组合模型直接利用整数变换得到的宽巷浮点模糊度精度明显优于利用 MW 组合获取的宽巷模糊度。因为，非组合 PPP 中的宽巷模糊度显著减弱了伪距观测噪声的影响。在 UU-PPP 和 IC-PPP 模型进行 FCB 估计的验后残差分布中，分别有 98.9% 和 98.7% 的残差分布小于 0.25 周。这验证了浮点模糊度相位偏差的高度一致性，说明非组合模型有利于 FCB 的估计，优于 IF-PPP 模型的残差分布。非组合

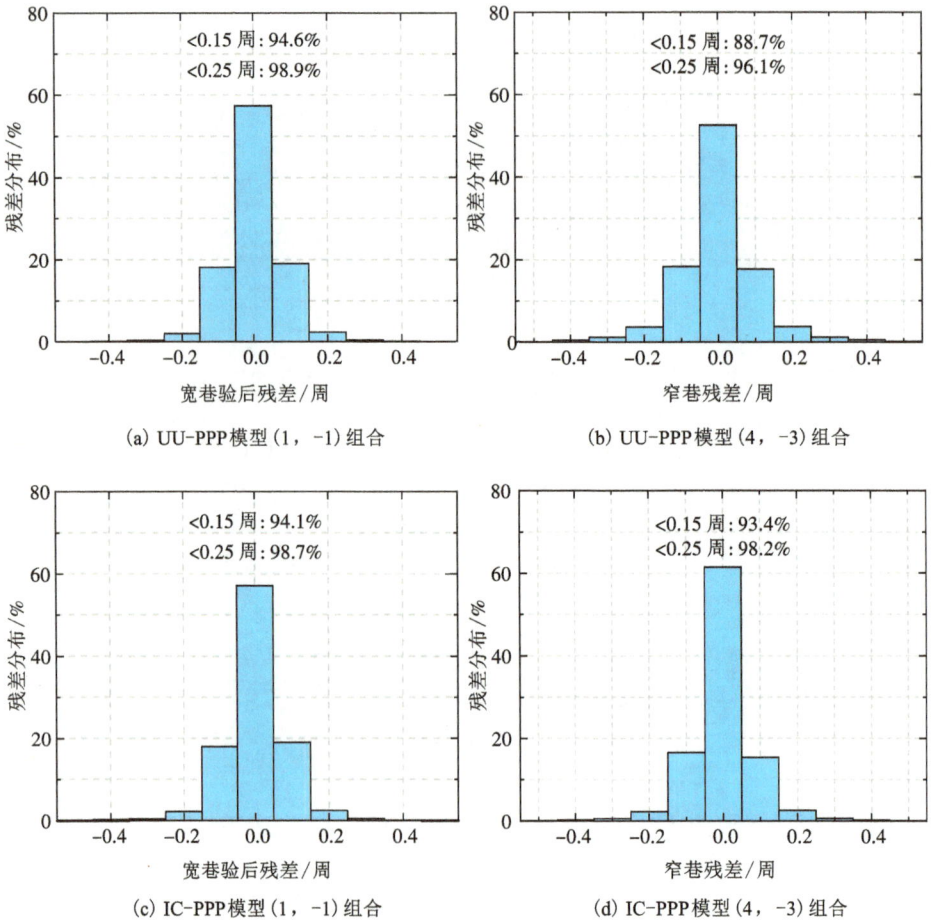

(a) UU-PPP模型 (1，-1) 组合

(b) UU-PPP模型 (4，-3) 组合

(c) IC-PPP模型 (1，-1) 组合

(d) IC-PPP模型 (4，-3) 组合

图 3.8　非组合 PPP 估计 FCB 的验后残差分布

PPP 模型的宽巷和窄巷模糊度的残差分布差异不大，宽巷模糊度的残差精度稍微优于窄巷浮点模糊度。对于非组合模型(4，-3)组合的窄巷浮点模糊度验后残差，UU-PPP 和 IC-PPP 模型的 RMS 分别为 0.076 周和 0.060 周，对应其验后残差分布中有 96.1% 和 98.2% 分布小于 0.25 周。由此可知，基于电离层约束的 IC-PPP 模型相比于 UU-PPP 模型更加有优势。通过与 IF-PPP 模型比较分析可知，三种模型在窄巷浮点模糊度验后残差分布中的差异微小，都具有较高的一致性，证明不同 PPP 模型提取的浮点模糊度都具有精度高、一致性高的特性。

（3）与 IF-PPP 模型中宽巷和窄巷对应的 FCB 结果。

为了进一步分析，将基于非组合 PPP 模型估计得到的 FCB 结果与直接利用 IF-PPP 模型估计得到的宽巷和窄巷 FCB 结果进行比较，将图 3.6 中的非组合相位偏差利用(1，-1)整数系数组合和消电离层组合系数进行转换，获得与图 3.1、图 3.3 类似的宽巷和窄巷 FCB 结果。图 3.9、图 3.10 中非组合模糊度得到的宽巷相位偏差与 IF-PPP 模型得到的 FCB 结果具有较高的一致性，对于 G27 卫星，同样的跳变出现在年积日 117 天和 118 天之间。

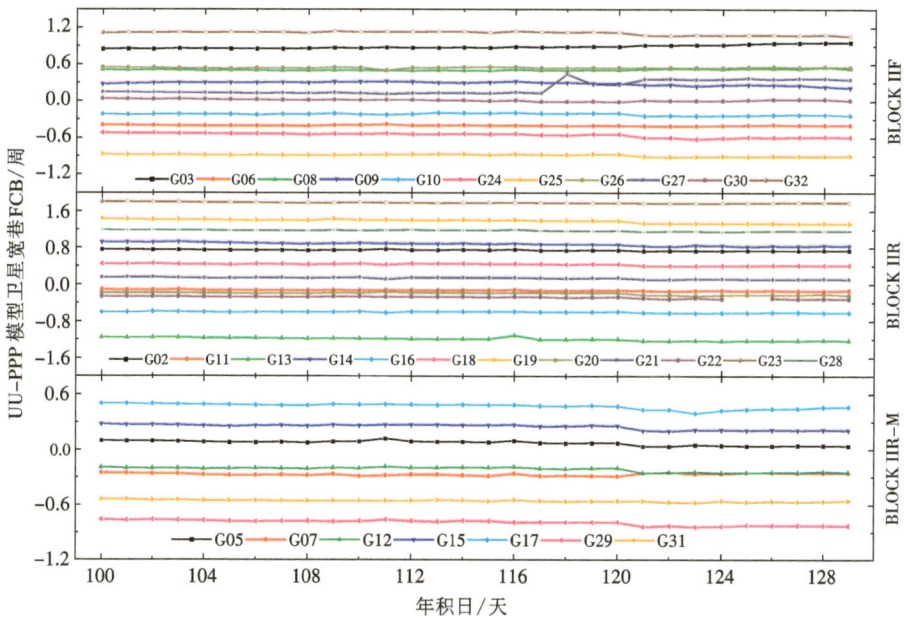

图 3.9　UU-PPP 模型宽巷 FCB(1，-1)组合 30 天序列

利用上面(1，-1)组合得到的宽巷相位偏差和利用消电离层组合系数得到的 IF 组合相位偏差估计得到对应的窄巷相位偏差。图 3.11 和图 3.12 表明，利用 UU-PPP 模型和 IC-PPP 模型估计的窄巷相位偏差同样具有较高的一致性。

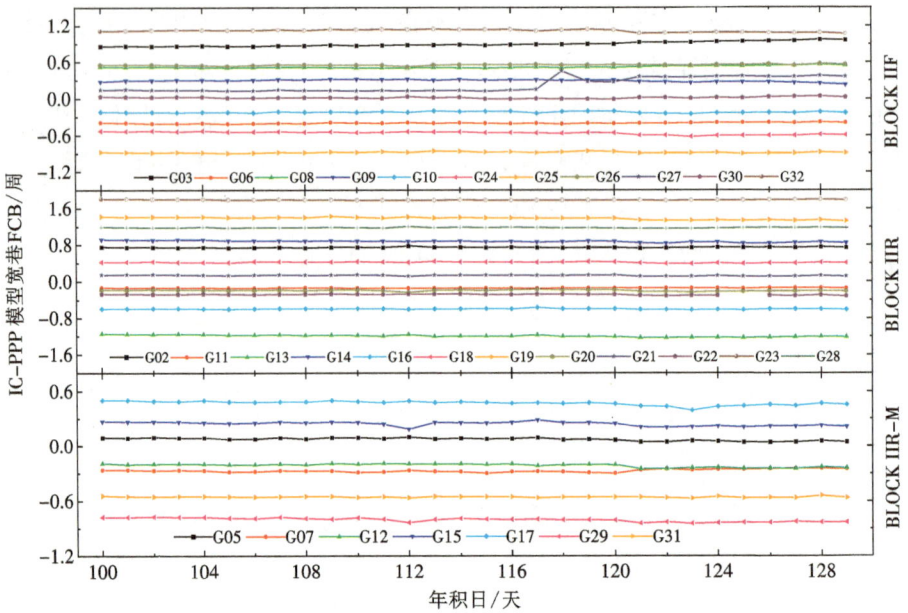

图 3.10　IC-PPP 模型宽巷 FCB(1，−1)组合 30 天序列

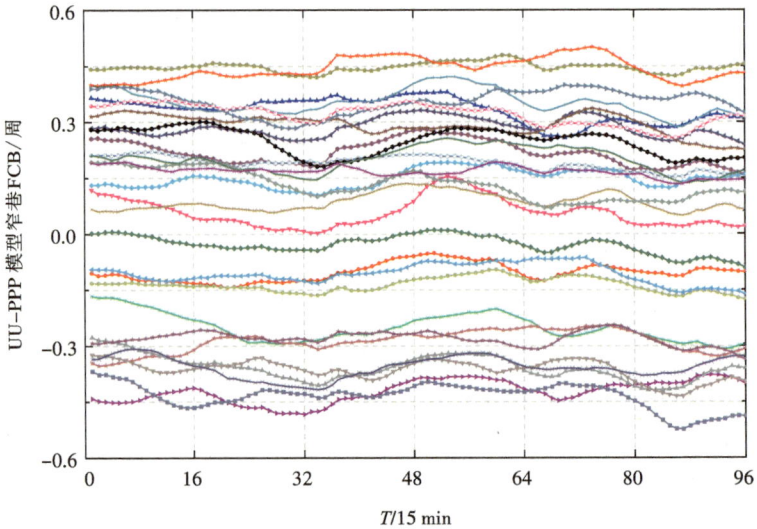

图 3.11　UU-PPP 模型基于 IF 组合的窄巷 FCB 序列(DOY 100，2017)

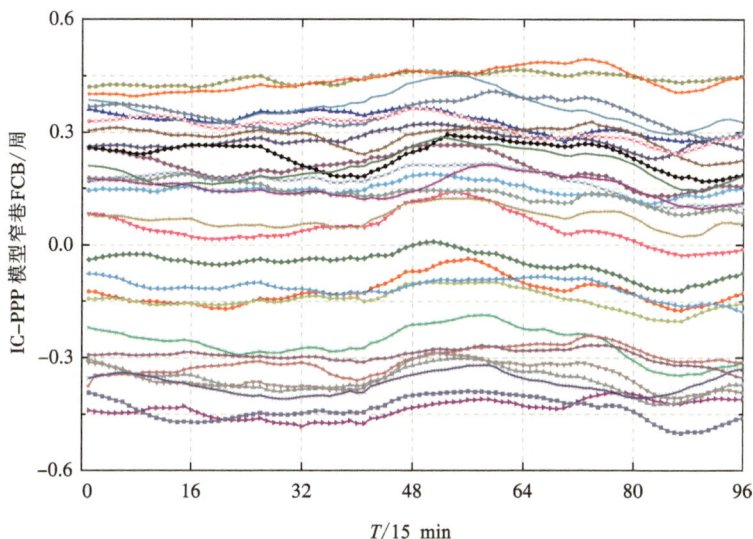

图 3.12 IC-PPP 模型基于 IF 组合的窄巷 FCB 序列 (DOY 100, 2017)

同样, 图 3.13 给出了窄巷相位偏差历元间差分结果, 研究利用非组合模糊度估计窄巷相位偏差的稳定性。对于 UU–PPP 模型, 其窄巷 FCB 历元间差分结果 94.8% 小于 0.01 周, 99.9% 小于 0.02 周。同样, 对于 IC-PPP 模型, 其窄巷 FCB 历元间差分结果 97.0% 小于 0.01 周, 99.9% 小于 0.02 周。两种非组合 PPP 模型在相位偏差估计方面的性能相当。

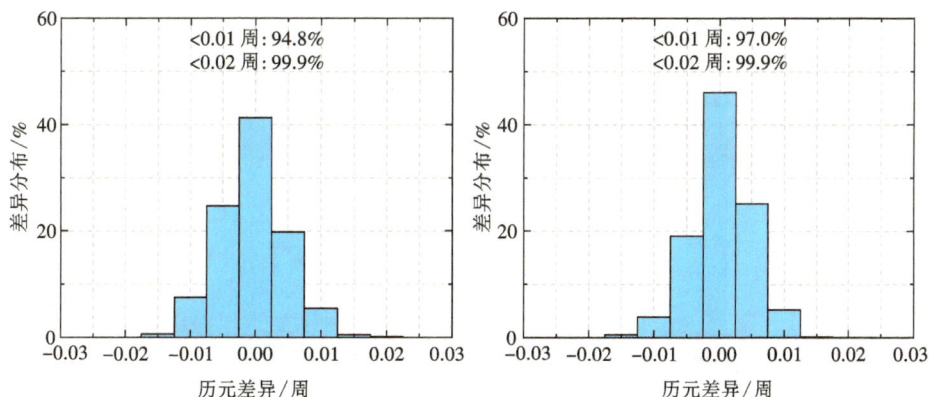

图 3.13 UU–PPP (左) 和 IC-PPP (右) 模型窄巷 FCB 历元差分统计分布

3.3.3　本节小结

本节利用 IF-PPP、UU-PPP 和 IC-PPP 三种 PPP 模型分别精确估计了 FCB 结果，并通过浮点模糊度验后残差分布评估了 FCB 估计精度。宽巷和窄巷组合 FCB 结果的验后残差分布超过 95% 分布在 0.25 周以内。三种 PPP 模型都以较高的精度分别估计得到 FCB 结果，这为后续不同 FCB 结果之间的比较提供了精度支撑。

3.4　FCB 结果等价性分析

3.4.1　FCB 等价性证明

为了进行 FCB 等价性分析，利用 IF-PPP 模糊度固定方法中的宽巷和窄巷模糊度分析方法，将非组合 PPP 方法中的浮点模糊度进行对应的公式变换。采用具有相同形式的宽巷、窄巷及消电离层组合模糊度，比较分析三种模型中接收机端和卫星端相位偏差的异同点。

在 UU-PPP 模型中，宽巷模糊度可以直接由双频非组合模糊度相减得到：

$$\widetilde{N}^{\rm s}_{\rm r,\ WL\_UU} = (N^{\rm s}_{\rm r,\ 1} - N^{\rm s}_{\rm r,\ 2}) + \left[B_{\rm r} - \frac{\lambda_{\rm NL}}{\lambda_{\rm WL}} \left(\frac{d_{\rm r,\ 1}}{\lambda_1} + \frac{d_{\rm r,\ 2}}{\lambda_2} \right) \right] - \left[B^{\rm s} - \frac{d^{\rm s}_{\rm IF}}{\lambda_{\rm WL}} \right]$$

$$= N^{\rm s}_{\rm r,\ WL\_UU} + B_{\rm r,\ WL\_UU} - B^{\rm s}_{\rm WL\_UU} \tag{3.10}$$

其中，

$$\begin{cases} N^{\rm s}_{\rm r,\ WL\_UU} = N^{\rm s}_{\rm r,\ 1} - N^{\rm s}_{\rm r,\ 2} \\[2mm] B_{\rm r,\ WL\_UU} = B_{\rm r} - \frac{\lambda_{\rm NL}}{\lambda_{\rm WL}} \left(\frac{d_{\rm r,\ 1}}{\lambda_1} + \frac{d_{\rm r,\ 2}}{\lambda_2} \right) \\[2mm] B^{\rm s}_{\rm WL\_UU} = B^{\rm s} - \frac{d^{\rm s}_{\rm IF}}{\lambda_{\rm WL}} \end{cases} \tag{3.11}$$

可以很明显地得到，对于 IF-PPP 和 UU-PPP 模型，卫星端的宽巷相位偏差包含的偏差项是相同的，即式(3.2)中的 $B^{\rm s}_{\rm WL\_UU}$ 和 $B^{\rm s}_{\rm WL}$ 包含相同的偏差量。不同的是，与 $B^{\rm s}_{\rm WL}$ 相比，$B^{\rm s}_{\rm WL\_UU}$ 是由非组合模型估计的模糊度直接得到的，具有更高的精度，不受 MW 组合中伪距观测噪声的影响。利用双频非组合模糊度重新组成消电离层组合模糊度，有：

$$\lambda_{IF}\widetilde{N}^s_{r,\ IF\_UU}=\lambda_{IF}N^s_{r,\ IF}+(\lambda_{IF}b_{r,\ IF}-d_{r,\ IF})-(\lambda_{IF}b^s_{IF}-d^s_{IF}) \tag{3.12}$$

将式(3.12)与 IF-PPP 模型的模糊度比较，可知两者模糊度具有相同的偏差含量。因此，与之对应的窄巷模糊度在 IF-PPP 模型和 UU-PPP 模型中是完全一致的。

在非组合模型中，如果利用已知的电离层延迟改正在 IC-PPP 模型中进行电离层参数的约束或改正，可以得到 IC-PPP 模型的浮点模糊度：

$$\widetilde{N}^s_{r,\ f}=(N^s_{r,\ f}+b_{r,\ f}-b^s_f)-(d_{r,\ IF}-d^s_{IF})/\lambda_f \tag{3.13}$$

类似地，IC-PPP 模型中的宽巷模糊度可以表示为：

$$\widetilde{N}^s_{r,\ WL\_IC}=(N^s_{r,\ 1}-N^s_{r,\ 2})+\left(B_r-\frac{d_{r,\ IF}}{\lambda_{WL}}\right)-\left(B^s-\frac{d^s_{IF}}{\lambda_{WL}}\right)$$

$$=N^s_{r,\ WL\_IC}+B_{r,\ WL\_IC}-B^s_{WL\_IC} \tag{3.14}$$

其中，

$$\begin{cases}N^s_{r,\ WL\_IC}=N^s_{r,\ 1}-N^s_{r,\ 2}\\[2mm]B_{r,\ WL\_IC}=B_r-\dfrac{d_{r,\ IF}}{\lambda_{WL}}\\[2mm]B^s_{WL\_IC}=B^s-\dfrac{d^s_{IF}}{\lambda_{WL}}\end{cases} \tag{3.15}$$

与式(3.2)和式(3.11)中的宽巷模糊度比较，尽管增加了额外的电离层约束信息，但是卫星端的宽巷相位偏差包含的偏差项和含量与其他两个模型中的保持一致。因此，IC-PPP 模型中的消电离层模糊度可以重新被表示为：

$$\lambda_{IF}\widetilde{N}^s_{r,\ IF\_IC}=\lambda_{IF}N^s_{r,\ IF}+(\lambda_{IF}b_{r,\ IF}-d_{r,\ IF})-(\lambda_{IF}b^s_{IF}-d^s_{IF}) \tag{3.16}$$

三种模型中的消电离层模糊度是相同的。这意味着三种模型中，卫星端的窄巷模糊度对应的相位偏差也是一致的。所以，对于三种 PPP 模型来说，卫星端的窄巷和宽巷模糊度对应的相位偏差是一致的。

3.4.2　FCB 等价性转换

基于以上公式推导，尽管三种模型中估计得到的相位偏差的表现形式不同，但是本质上等价。因此，对于非组合中估计得到的两个频率上的相位偏差，与消电离层组合模型中的宽巷和窄巷相位偏差可以进行相互转换，这极大地有利于相位偏差在用户端的应用。因此，定义频率 f 上的相位偏差为：

$$\bar{b}_f^s = b_f^s - d_{IF}^s / \lambda_f \tag{3.17}$$

对于非组合的相位偏差和宽巷、窄巷相位偏差的转换关系，可以表示为（单位为周）：

$$\begin{cases} b_{WL} = \bar{b}_1^s - \bar{b}_2^s \\ b_{NL} = \dfrac{f_1}{f_1-f_2}\bar{b}_1^s - \dfrac{f_2}{f_1-f_2}\bar{b}_2^s \end{cases} \tag{3.18}$$

如果用户接收到宽巷和窄巷组合的相位偏差，与之对应的非组合相位偏差就可以根据式(3.18)恢复，从而满足用户端各种定位模型的需要。

3.4.3 FCB 结果比较

为了比较三种 PPP 模型估计 FCB 结果的差异，将三种 PPP 模型估计得到的 FCB 产品统一到宽巷和窄巷组合下的 FCB 结果，然后进行分析。对于三种 PPP 方法估计得到的宽巷 FCB，通过统计 30 天的标准差分析不同产品的稳定性。图 3.14 中，不同模型宽巷 FCB 结果的标准差均小于 0.04 周(除了 G27 号卫星)。对于 G27 号卫星，宽巷 FCB 序列由信号中断导致了 FCB 的跳跃，使得

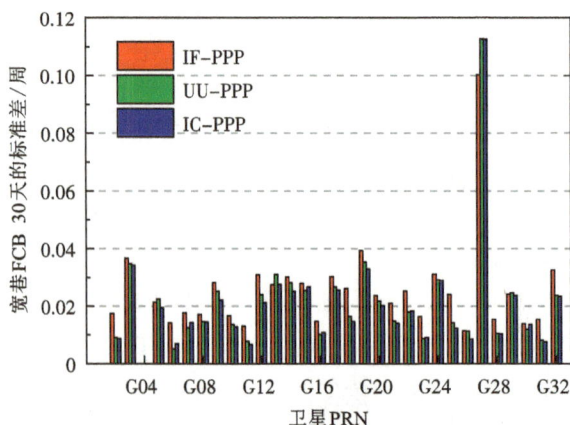

图 3.14 GPS 卫星宽巷 FCB 结果 30 天的标准差

整体序列的标准差过大。因此,三种模型估计的宽巷 FCB 产品精度均较高,可靠的精度是进行 FCB 差异分析的前提。

通过比较不同模型之间的宽巷产品差异,将宽巷 FCB 结果在 IF-PPP、UU-PPP 和 IC-PPP 模型之间进行差分统计。图 3.15 中,对于 IF-UU、IF-IC、UU-IC 的结果,分别有 98.3%、96.7% 和 99.6% 的差异小于 0.05 周。特别是对于 UU-IC 差异,有 98.1% 的结果小于 0.025 周。这表明,非组合模型之间的结果一致性更好。在图 3.16 中,对于窄巷产品,99.0%、98.0% 和 99.9% 的窄巷 FCB 差异小于 0.075 周。对于不同模型估计得到的宽巷和窄巷 FCB 结果进行比较,其具体 RMS 值见表 3.1。通过对宽巷和窄巷 FCB 结果进行比较分析,三种模型之间的结果差异较小,证明了三种方法估计相位偏差是等价的。

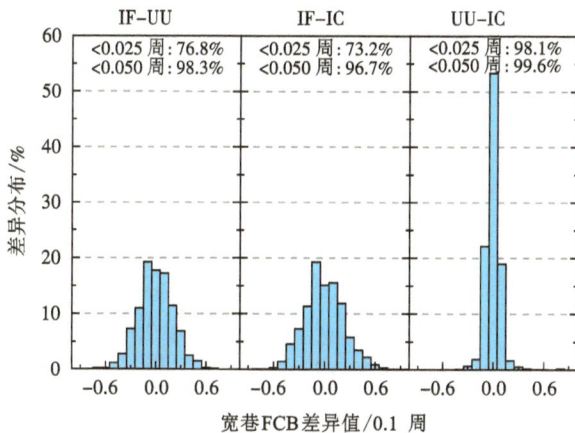

图 3.15　IF、UU 和 IC-PPP 三种模型估计的宽巷 FCB 结果比较

表 3.1　三种 PPP 模型估计的 FCB 结果差异值 RMS

	IF-UU/周	IF-IC/周	UU-IC/周
宽巷 FCB	0.021	0.024	0.010
窄巷 FCB	0.028	0.018	0.021

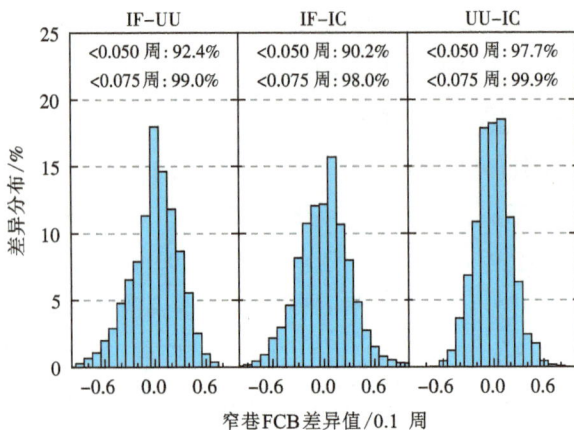

图 3.16　IF、UU 和 IC-PPP 三种模型估计的窄巷 FCB 结果比较

3.5　精密单点定位模糊度固定解性能分析

在用户端，本章从 IGS 监测网中选择了 220 个测站进行定位验证，这些测站不包含在 FCB 估计的参考网中，通过利用 IF-PPP、UU-PPP 和 IC-PPP 三种模型进行相应的 PPP 处理，在服务端通过三种模型得到的 FCB 产品也被应用到用户端进行模糊度固定解的估计。考虑到卫星几何构型与时间变化，每个 24 h 连续观测文件被分成 8 个时段，即每 3 h PPP 估计过程被重新初始化一次。将三种 PPP 模型对应的结果从定位精度、模糊度成功率和收敛时间三个方面进行分析。为了保证结果的可靠性，本章采取 95% 的置信区间统计所有的结果，以 IGS 公布的测站坐标作为参考坐标评估定位精度。而对于附加电离层约束的非组合 PPP 模型（IC-PPP），两种精度的电离层产品被采用：一种是采用 CODE 发布的事后全球电离层产品，在结果中被标记为"IC-PPP（GIM）"；另一种是采用本测站提前提取的电离层延迟信息作为改正信息用于 PPP，在结果中被标记为"IC-PPP（Re-injection）"。对于这些采用本测站提取的电离层延迟信息，在 IC-PPP（Re-injection）中设置电离层参数估计的过程噪声方差约束为 25 cm^2。

针对 IF-PPP、UU-PPP、IC-PPP(GIM)和 IC-PPP(Re-injection)四种定位方案的性能比较,分别利用本章估计的 FCB 产品实现模糊度固定解,从定位精度、模糊度固定成功率和收敛时间三个方面进行了分析。

3.5.1　定位精度分析

本章中,定位精度被定义为所有观测弧段在相同观测时长内的平均定位 RMS 精度。图 3.17 显示了四种定位方案的浮点解和固定解的定位时间曲线,可知每种方案的固定解显著减少了 PPP 的收敛时间,并且对于东方向(E)、北

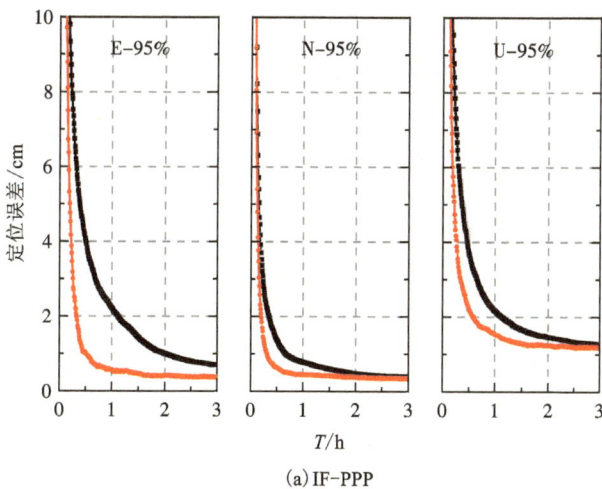

(a) IF-PPP

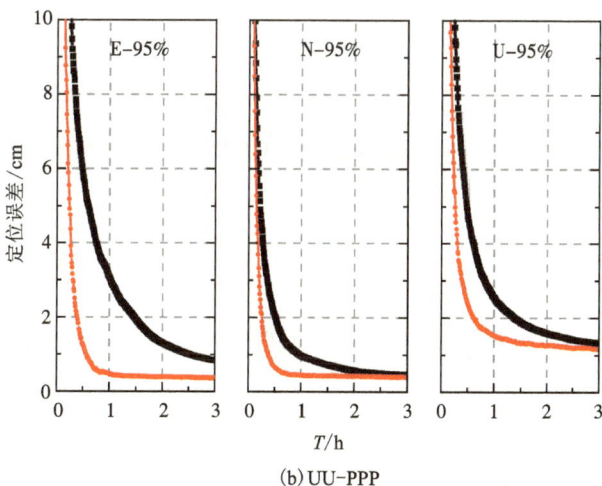

(b) UU-PPP

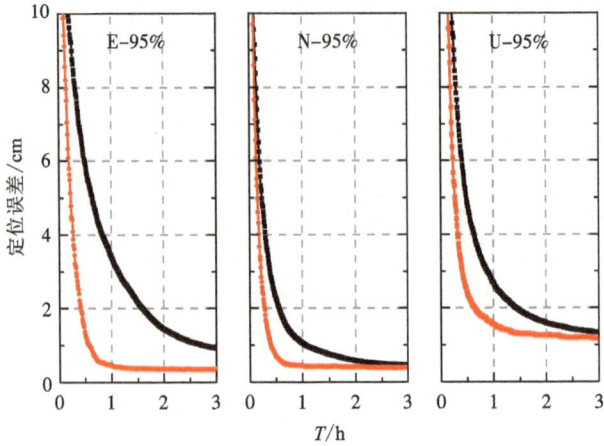

(c) IC-PPP (GIM)

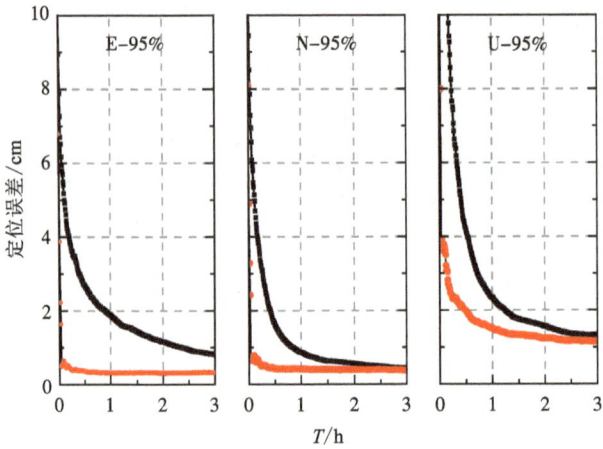

(d) IC-PPP (Re-injection)

图 3.17 IF-PPP、UU-PPP、IC-PPP(GIM)和 IC-PPP(Re-injection)
浮点解(红色)和固定解(黑色)的平均定位精度

方向(N)和高程方向(U)精度都有显著提高,特别是对于东方向,提升更加明显。在模糊度固定解中,东方向和北方向的精度相当,差异明显小于浮点解中的精度。在固定解中,对于 IF-PPP、UU-PPP、IC-PPP(GIM)和 IC-PPP(Re-injection)四种方案,东方向和北方向上的精度差异分别为 0.04 cm、0.02 cm、0.02 cm 和 0.05 cm。对于 IC-PPP(Re-injection)方案,可以实现短时间内厘米级的定位精度。这表明，利用高精度的电离层信息约束电离层延迟误差的估计，模糊度固定解可以在短时间内实现高精度的定位结果，由此可知大气改正参数在增强 PPP 中有巨大的作用与优势。在图 3.18 中，统计了四种方案浮点解和固定解用 3 h 数据估计的定位精度。通过对 3 h 内静态定位结果进行统计分析，四种方案实现了相同的定位精度。四种方案在东方向、北方向和高程方向上的精度均分别优于 0.4 cm、0.4 cm 和 1.2 cm。四种方案之间浮点解的最大定位差异在东方向、北方向和高程方向上分别是 2.23 mm、0.71 mm 和 0.64 mm，而对于固定解，其最大差异分别是 0.70 mm、0.53 mm 和 0.36 mm。这表明，静态模式下，四种方案的固定解可以获得同等的定位精度，基于模糊度固定解的定位结果可靠性和一致性更高。

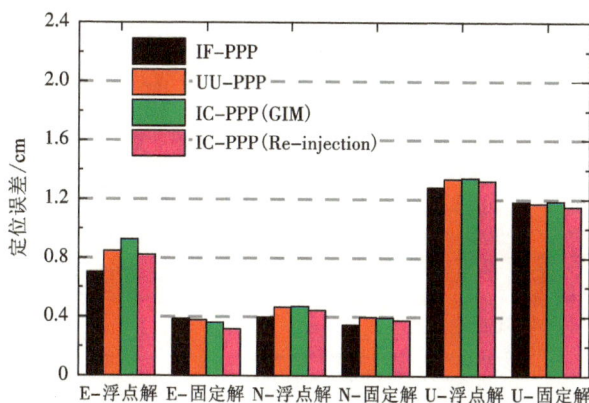

图 3.18　四种 PPP 定位方案的定位结果统计

3.5.2　模糊度固定成功率分析

本章定义模糊度固定成功率为同一历元中固定解与所有解的统计数量比值。图 3.19 显示了四种方案的模糊度固定成功率时间序列。在初始阶段，非组合 PPP 模型具有较高的模糊度固定成功率，可加速定位精度的收敛。这是由于非组合 PPP 模型是利用每个频率上的原始观测数据进行 PPP 处理，避免了组合观测值放大噪声的影响。低观测噪声的观测值在 PPP 数据处理中有助于更快实现模糊度固定解。

图 3.20 表明，非组合模型的观测值残差明显低于组合模型。对于 IF-PPP

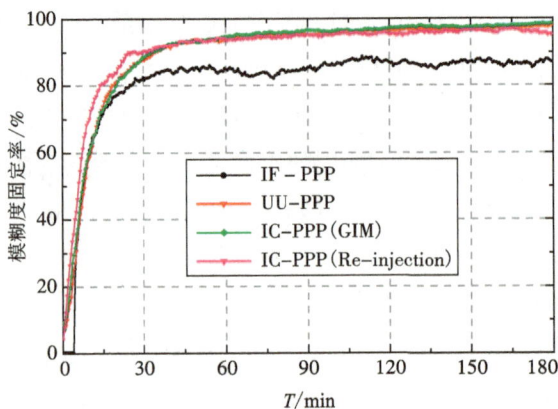

图 3.19　四种定位方案的模糊度固定成功率

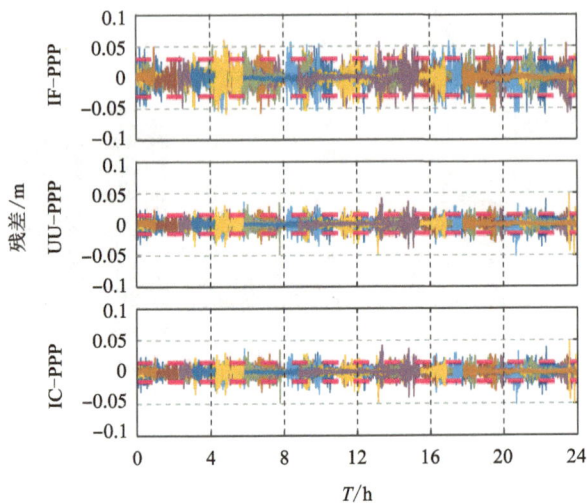

图 3.20　三种 PPP 模型观测值残差分布

模型，观测值残差的三倍中误差是 3.0 cm，而对于非组合模型来说，该值是 1.47 cm。相比于窄巷模糊度较短的波长，非组合观测值较小的测量噪声对于窄巷模糊度固定意义显著。因此，当定位精度收敛到较高水平时，非组合模型的模糊度固定成功率高于 IF-PPP 模型。对于最终的模糊度固定成功率，UU-PPP、IC-PPP（GIM）和 IC-PPP（Re-injection）分别是 97.9%、98.5% 和

97.0%，而 IF-PPP 模型的模糊度固定成功率仅为 86.9%。

3.5.3　收敛时间分析

本章定义收敛时间为三维定位精度小于 10 cm 并且保持连续 10 个历元的时刻。图 3.21 比较了三种模型四种方案的收敛时间和精度差异。在开始阶段，IC-PPP(GIM)方案的收敛速度明显小于 UU-PPP，IF-PPP 方案的收敛速度最小。然而随着解算时间的增加，IF-PPP 方案结果优于 UU-PPP 方案，并且最后成为除 IC-PPP(Re-injection)外最优的方案。这可能是因为在初始阶段，非组合 PPP 模型的观测噪声较低，有利于加快精度收敛，然而在后续定位阶段，电离层延迟估计精度的影响，限制了定位精度进一步快速提高。相比于 UU-PPP 方法，电离层先验信息在 IC-PPP 模型中对收敛时间具有更大的影响。表 3.2 表明，通过附加高精度的电离层先验信息，IC-PPP(Re-injection)方案实现了即时模糊度固定解，其收敛时间只有 2 min。

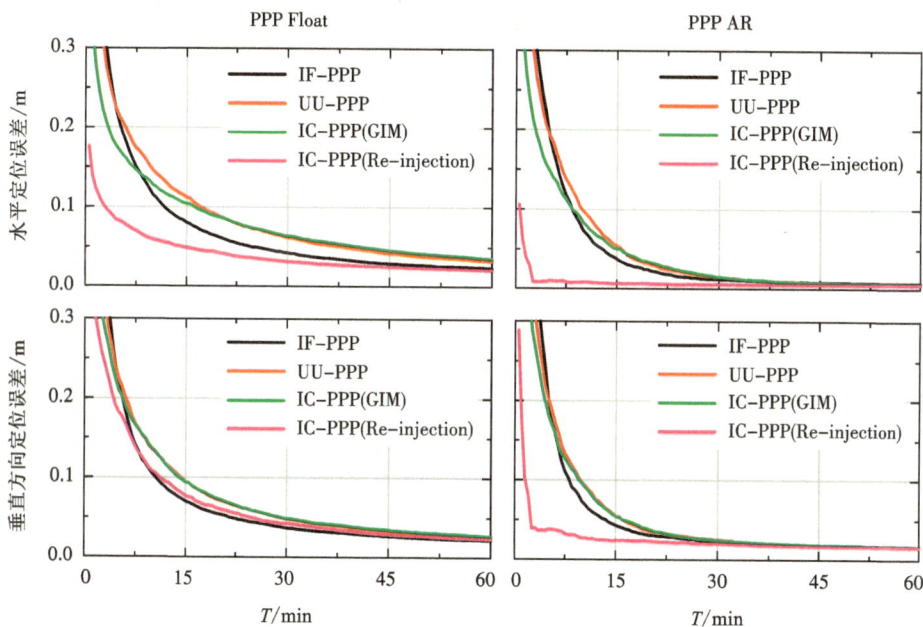

图 3.21　四种 PPP 定位方案收敛时间和定位差异比较

表 3. 2　四种 PPP 定位方案浮点解和固定解的收敛时间

方案	浮点解收敛时间/min	固定解收敛时间/min
IF-PPP	19. 5	12
UU-PPP	28	15
IC-PPP(GIM)	29	14. 5
IC-PPP(Re-injection)	16. 5	2

3. 5. 4　本节小结

　　本节从四种 PPP 定位方案模糊度固定解的定位精度、模糊度固定成功率和收敛时间三个方面进行了详细的分析，表明了四种定位方案静态模糊度固定解的定位精度相当。IF-PPP 模型的收敛时间小于非组合 PPP 模型，但是，非组合 PPP 模型的模糊度固定成功率优于 IF-PPP 模型。附加高精度的电离层改正的 IC-PPP 模型在快速获取高精度的模糊度固定解方面具有绝对优势。四种定位方案定位结果表明，三种 PPP 模型在定位精度上表现相当，且通过 GPS 单系统的实验结果验证了 PPP 算法的定位性能，为后续研究奠定了基础。

3. 6　本章小结

　　本章针对 IF-PPP、UU-PPP 和 IC-PPP 三种主要的 PPP 模型进行了相位偏差估计与模糊度固定的差异分析，从理论和实验结果两方面验证了 IF-PPP、UU-PPP 和 IC-PPP 模型估计相位偏差 FCB 的等价性，同时证明了三种 PPP 模型固定解的定位精度相当，且在附加高精度的电离层延迟改正信息时，可以明显地减少非组合 PPP 模型的收敛时间，得到的主要结论如下：

　　(1)通过理论推导和实验分析，利用 IF-PPP、UU-PPP 和 IC-PPP 三种 PPP 模型估计的 FCB 产品精度相当，结果一致，并且三种 FCB 产品可以相互等价转换。宽巷 FCB 产品 30 天的最大标准差不超过 0. 04 周。窄巷 FCB 短时间的稳定性可以表明，其估计时间间隔可以设置为 15 min，一天内的最大变化达到 0. 18 周。窄巷残差的最大 RMS 是 0. 076 周，明显小于宽巷的 0. 114 周。

三种模型之间差异的最大 RMS 小于 0.028 周，而对于宽巷 FCB 是 0.024 周，FCB 微小的差异结果表明，不同的 FCB 产品在实际应用中是相当的。

（2）利用实测数据，证明了 IF-PPP、UU-PPP 和 IC-PPP 三种 PPP 模型的固定解精度相当。实验结果表明，相比于浮点解精度结果，三种 PPP 模型固定解在定位精度和收敛时间上都有明显的提高。三种模型固定解在东方向、北方向、高程方向的精度优于 0.4 cm、0.4 cm、1.2 cm，而浮点解东方向、北方向、高程方向上精度优于 0.85 cm、0.47 cm、1.34 cm。三种模型固定解之间在东方向、北方向、高程方向上的差异最大值小于 0.70 mm、0.53 mm、0.36 mm。这些结果表明，三种模型具有精度相当的定位性能，模糊度固定解显著提高了定位结果的可靠性与一致性。

（3）模糊度固定技术显著地减少了 PPP 收敛时间。UU-PPP 和 IC-PPP（GIM）模型之间的收敛时间仅有微小的差异，然而，当 IC-PPP（Re-injection）方法采用更高精度的电离层改正信息时，实现了即时的模糊度固定且收敛时间极短。对于 IF-PPP、UU-PPP、IC-PPP（GIM）和 IC-PPP（Re-injection）方案，其模糊度固定解的收敛时间分别是 12 min、15 min、14.5 min 和 2 min，明显少于浮点解的收敛时间 19.5 min、28 min、29 min 和 16.5 min。因此，模糊度固定技术是实现快速高精度定位解的关键，而电离层改正信息在实现快速模糊度固定解中起到了重要的作用。

本章利用 GPS 数据验证了不同 PPP 模型进行 FCB 估计与模糊度固定的等价性，同时也揭示了单系统 PPP 模糊度固定解的定位性能，为后续的研究提供了技术支撑。

第4章

多频多系统 PPP 模糊度固定技术

单系统 PPP 模糊度固定解的研究已经日渐成熟, 国内外学者针对消电离层组合 PPP 和非组合 PPP 模型的模糊度固定解性能进行了深入研究。然而, 随着 GNSS 的不断发展, 更多的观测卫星及信号频率成为 GNSS 数据处理中的一大挑战。随着 BDS 和 Galileo 的逐渐组网完成和 GPS 系统现代化的发展, 利用三频或者多频数据进行 GNSS 处理成为主流趋势。本章基于 BDS 和 Galileo 三频观测数据构建三频非组合 PPP 模型, 分别对 BDS 和 Galileo 的三频 PPP 定位性能进行分析, 并针对多系统 PPP 定位中存在的系统间偏差问题进行研究, 建立多系统 PPP 模型, 利用 GPS、BDS 和 Galileo 实测数据评估了三系统组合模糊度固定的定位精度。

4.1 引言

目前, 双频 GPS 的定位模型以及模糊度固定算法已经日趋成熟, 多频多系统的发展对 GNSS 数据处理提出了新的挑战。多频信号有利于用户更好地处理 GNSS 数据, 特别是用于载波多路径的提取、周跳探测以及模糊度固定等[122, 123]。利用三频信号的线性组合观测值, 明显提高了 PPP 收敛速度及定位精度[101]。多频信号的增加为观测值组合提供了更大的可能性, 也可建立更多样化的多频 PPP 模型。如第一种可利用双频消电离层组合, 将三频数据重新组合成消电离层组合的三频观测值; 第二种可基于消电离层组合, 直接将三频数据两两组合, 形成两对相互独立的消电离层组合观测值; 第三种为非组合

PPP 模型，直接将第三频率信号作为新的观测值进行处理。非组合 PPP 模型在处理多频信号时更加灵活方便，模型的可拓展性和兼容性更好。因此，本章首先基于非组合 PPP 模型，对三频 PPP 模型进行研究。

多 GNSS 星座条件下，卫星可见数量更多，观测卫星的几何构型更好，因而有益于缩短 PPP 的收敛时间和提高定位精度。当然，在更高定位精度下，PPP 的模糊度固定效果也更加明显。多系统数据融合定位，必然需要考虑不同系统之间的坐标基准和时间基准差异问题，这种系统间的整体差异被称为系统间偏差。分析系统间偏差参数特性及变化规律，为多系统融合 PPP 的参数估计随机模型精化提供了支撑。对于多系统 PPP 定位，本章研究了系统间偏差在单天和多天内的稳定性，并分析了与接收机类型的相关性，然后建立了顾及系统间偏差的多系统 PPP 定位模型，并利用 GPS、BDS 和 Galileo 三系统观测数据进行多系统 PPP 模糊度固定解的精度分析。

4.2　三频精密单点模糊度固定

三频观测数据为组合观测值提供了更大的可能性，对于非组合精密单点定位模型来说，第三频率观测值直接参与了模型估计，增加了观测信息，提高了平差系统的冗余，操作简单方便，不用与其他频率组合。因此，本节基于双频非组合精密单点定位模型并扩展到三频精密单点定位模型进行研究。

4.2.1　三频 PPP 数学模型

首先有双频非组合 PPP 观测方程：

$$\begin{cases} P_{r,1}^{s} = \rho_r^s + c d\bar{t}_r + T_r^s + \gamma_1 I_{r,1}^s + \beta_{12}(D_{r,12} - D_{12}^s) + \varepsilon_P \\ P_{r,2}^{s} = \rho_r^s + c d\bar{t}_r + T_r^s + \gamma_2 I_{r,1}^s - \alpha_{12}(D_{r,12} - D_{12}^s) + \varepsilon_P \\ L_{r,1}^{s} = \rho_r^s + c d\bar{t}_r + T_r^s - \gamma_1 I_{r,1}^s + \lambda_1(N_{r,1}^s + b_{r,1} - b_1^s) - (d_{r,\mathrm{IF12}} - d_{\mathrm{IF12}}^s) + \varepsilon_L \\ L_{r,2}^{s} = \rho_r^s + c d\bar{t}_r + T_r^s - \gamma_2 I_{r,1}^s + \lambda_2(N_{r,2}^s + b_{r,2} - b_2^s) - (d_{r,\mathrm{IF12}} - d_{\mathrm{IF12}}^s) + \varepsilon_L \end{cases} \quad (4.1)$$

式中：$D_{r,12} = d_{r,1} - d_{r,2}$ 和 $D_{12}^s = d_1^s - d_2^s$，分别表示接收机端和卫星端频率 1 和 2 之间的 DCB；$d_{r,\mathrm{IF12}}$ 和 d_{IF12}^s 是表示两个频率消电离层组合码偏差。对于三频非组

合 PPP 模型，增加第三个频率的伪距和载波观测方程：

$$\begin{cases} P_{r,3}^s = \rho_r^s + cd\bar{t}_r + T_r^s + \gamma_3 I_{r,1}^s - \beta_{12}(D_{r,12} + D_{12}^s) + D_{r,13} - D_{13}^s + \varepsilon_P \\ L_{r,3}^s = \rho_r^s + cd\bar{t}_r + T_r^s - \gamma_3 I_{r,1}^s + \lambda_3(N_{r,3}^s + b_{r,3} - b_3^s) - (d_{r,IF12} - d_{IF12}^s) + \varepsilon_L \end{cases} \tag{4.2}$$

式中：$D_{r,13} = d_{r,1} - d_{r,3}$ 和 $D_{13}^s = d_1^s - d_3^s$，表示接收机和卫星端频率 1 和 3 之间的 DCB。在上述三频非组合 PPP 模型中，没有考虑由第三频率与前两个频率解算的钟差不兼容导致的频间钟偏差 IFCB(inter-frequency clock bias)。目前研究表明，IFCB 在 GPS 三频信号中偏差比较明显，一天内的变化为几厘米到几十厘米。当采用 IGS 双频解算的钟差产品进行多频数据处理时，第三频率的组合或者原始模糊度都不再保持常量的特性，对于存在 IFCB 偏差的卫星，需要进行改正。对于 BDS 和 Galileo 卫星，IFCB 偏差并不明显，基本可以忽略其对模糊度估计的影响。本章基于 BDS 和 Galileo 数据进行三频非组合 PPP 模型的研究，不对 IFCB 的特性和改正过程作进一步的讨论。对于 BDS 和 Galileo 卫星的 DCB 偏差，目前 IGS 已经开始公布 GPS、BDS、GLONASS 和 Galileo 多频信号的 DCB 结果(ftp://cddis.gsfc.nasa.gov/pub/gps/products/mgex/dcb)，在 PPP 处理时预先改正伪距观测值。相比于式(4.1)中双频非组合模型，三频非组合 PPP 模型需要多估计一个 DCB 偏差 $D_{r,13}$。

将载波观测值重新改写为：

$$L_{r,f}^s = \rho_r^s + cd\bar{t}_r + T_r^s - \gamma_f I_{r,1}^s + \lambda_f \bar{N}_{r,f}^s + \varepsilon_L \tag{4.3}$$

式中：$\bar{N}_{r,f}^s$ 是频率 f 的模糊度参数。$\bar{N}_{r,f}^s$ 具体定义为：

$$\begin{cases} \bar{N}_{r,f}^s = N_{r,f}^s + B_{r,f} - B_f^s \\ B_{r,f} = b_{r,f} - d_{r,IF12}/\lambda_f \\ B_f^s = b_f^s - d_{IF12}^s/\lambda_f \end{cases} \tag{4.4}$$

4.2.2 三频相位偏差估计模型

与非组合双频 PPP 模型进行相位偏差估计的模型一样，考虑到电离层残差和观测噪声的影响，选择(4, -3, 0)作为窄巷整数组合系数，具有较长波长的宽巷(1, -1, 0)和超宽巷(0, 1, -1)整数组合系数也用来组成整数变换矩阵：

$$\begin{bmatrix} \widetilde{N}^{\mathrm{s}}_{\mathrm{r},1} \\[2mm] \widetilde{N}^{\mathrm{s}}_{\mathrm{r},2} \\[2mm] \widetilde{N}^{\mathrm{s}}_{\mathrm{r},3} \end{bmatrix} = \begin{bmatrix} 4 & -3 & 0 \\ 1 & -1 & 0 \\ 0 & 1 & -1 \end{bmatrix} \begin{bmatrix} \overline{N}^{\mathrm{s}}_{\mathrm{r},1} \\[2mm] \overline{N}^{\mathrm{s}}_{\mathrm{r},2} \\[2mm] \overline{N}^{\mathrm{s}}_{\mathrm{r},3} \end{bmatrix} \tag{4.5}$$

式中：$\widetilde{N}^{\mathrm{s}}_{\mathrm{r},1}$、$\widetilde{N}^{\mathrm{s}}_{\mathrm{r},2}$、$\widetilde{N}^{\mathrm{s}}_{\mathrm{r},3}$ 是整数变化之后的模糊度。因此，通过整数矩阵变换之后新的模糊度参数为：

$$\widetilde{N}^{\mathrm{s}}_{\mathrm{r},\mathrm{f}} = \hat{N}^{\mathrm{s}}_{\mathrm{r},\mathrm{f}} + \hat{B}_{\mathrm{r},\mathrm{f}} - \hat{B}^{\mathrm{s}}_{\mathrm{f}} \tag{4.6}$$

式中：$\hat{N}^{\mathrm{s}}_{\mathrm{r},\mathrm{f}}$ 为整数变换之后的整数模糊度；$\hat{B}_{\mathrm{r},\mathrm{f}}$ 和 $\hat{B}^{\mathrm{s}}_{\mathrm{f}}$ 分别为接收机和卫星端整数变换之后的相位偏差。

式(4.6)与第 3 章中的 FCB 估计一致，采用相同的策略进行卫星和接收机相位偏差的估计。将三个频率的观测数据，共同组建 FCB 估计方程，同样存在秩亏问题，需要对每个频率的观测方程分别增加一个基准约束。相比于测站，卫星的相位偏差更加稳定，选择每个频率观测次数最多的卫星作为基准，定义其相位偏差为特定数值。将估计得到的相位偏差产品，采用同样的整数变换矩阵进行逆操作，可以恢复每个频率单独的相位偏差产品。这样通过非组合 PPP 模型直接估计得到多频相位偏差产品，分发给用户端，有利于用户选择需要的组合形式来实现模糊度固定解。

4.2.3　相位偏差估计结果分析

选择全球分布的 316 个 MGEX 监测站 2019 年 9 月 1 日的数据参与 GNSS 相位偏差的估计，所有测站均可观测到 GPS 双频信号，其中有 138 个测站可以观测到 BDS 三频信号，有 190 个测站可以观测到 Galileo 三频信号。

因为 GPS 三频信号存在频间钟偏差的问题，将 GPS 双频观测数据与 BDS 和 Galileo 三频观测数据一起进行 PPP 处理，估计模糊度浮点解。BDS 二代系统在全球不同地方可观测卫星数差异较大，且轨道相比 GPS 精度较低。利用 GPS 与 BDS、Galileo 三系统组合定位可以提高 BDS 卫星全球观测值的可用性，并提高浮点解精度。对于多系统估计的浮点模糊度，每个卫星系统独立进行相位偏差的解算。其详细的数据处理流程如图 4.1 所示。

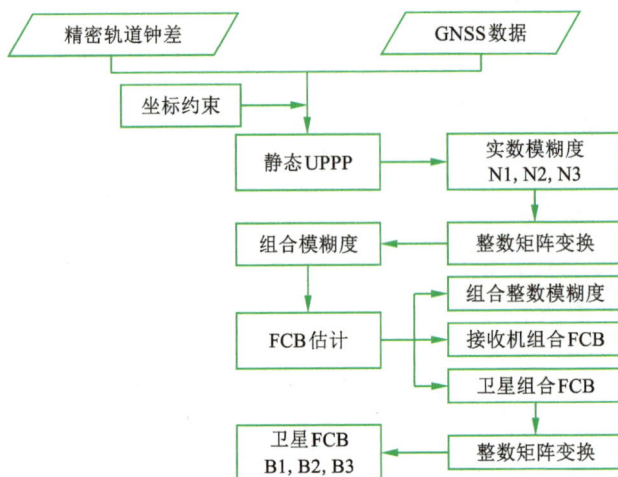

图 4.1　三频非组合 PPP 模型估计 FCB 数据处理流程

　　GPS 双频 FCB 和 BDS 及 Galileo 三频 FCB 估计结果的稳定性和验后残差精度按照不同的整数线性组合进行评估，其结果如下。

4.2.3.1　相位偏差估计结果

　　(1)GPS 双频 FCB 结果。

　　图 4.2 给出了 GPS 双频信号整数变换之后的 FCB 时间序列。对于宽巷组合(1，−1)，在一天内的估计值相比于窄巷组合(4，−3)比较稳定。图 4.3 中，对于 G18 卫星，其窄巷组合 FCB 的标准差达到 0.115 周，明显比其他卫星的精度差。G18 卫星在 2018 年 3 月 20 日转换到 BLOCK IIA 型 SVN34 卫星进行播发信号，这颗卫星发射于 1993 年，其服务时间远远长于其他卫星，可想而知，其卫星性能要低于后期新型卫星。除去 G18 号卫星，窄巷的平均标准差为 0.03 周，而宽巷组合的平均标准差为 0.015 周。因此宽巷组合 FCB 时间序列的稳定性远远高于窄巷组合 FCB。

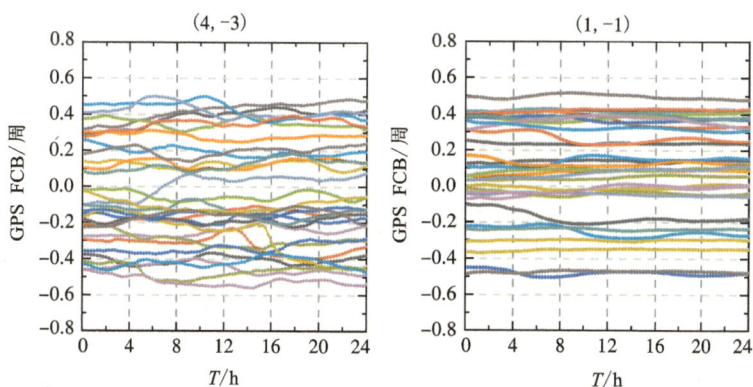

图 4.2　GPS 双频组合的 FCB 时间序列(估计间隔 15 min)

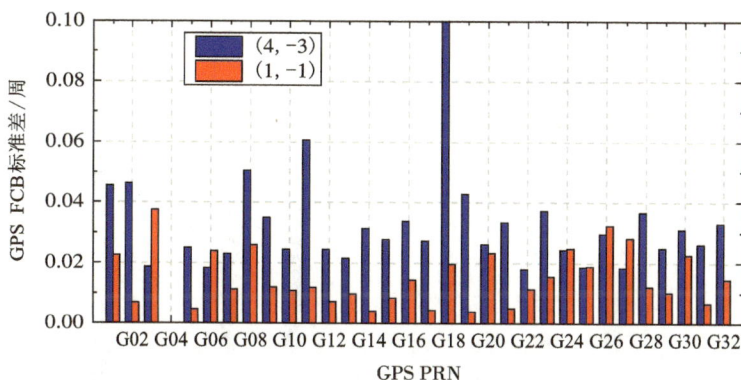

图 4.3　GPS 双频组合每颗卫星 FCB 时间序列的标准差

(2)BDS 三频 FCB 结果。

图 4.4 是 BDS 系统 IGSO 和 MEO 卫星的 FCB 时间序列。对于 BDS 三频观测数据,其 FCB 估计按照窄巷(4, -3, 0)、宽巷(1, -1, 0)和超宽巷(0, 1, -1)组合进行估计。明显可见,窄巷组合的 FCB 稳定性较差,特别是对于 MEO 卫星,其窄巷平均标准差达到 0.073 周,而对于 IGSO 卫星,其平均标准差仅为0.0156 周。所有卫星的窄巷平均标准差为 0.035 周,宽巷平均标准差为0.007 周,超宽巷的平均标准差为 0.003 周。从图 4.5 可以看出,每颗卫星的

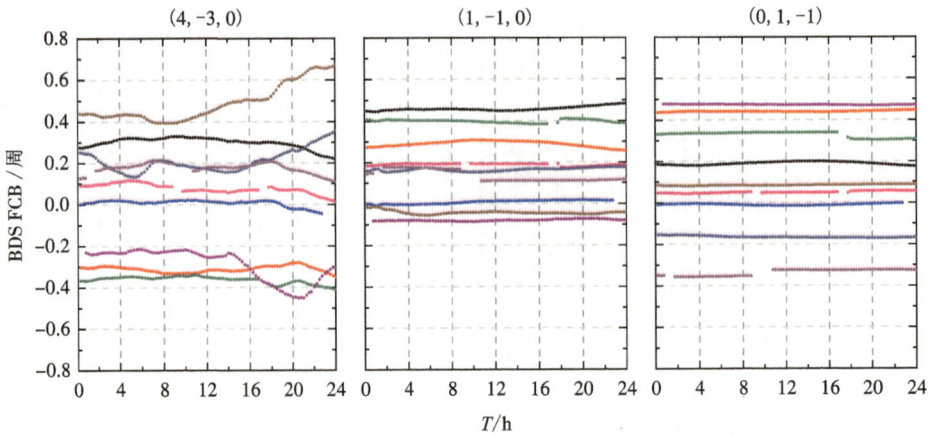

图 4.4　BDS 三频组合的 FCB 时间序列(估计间隔 15 min)

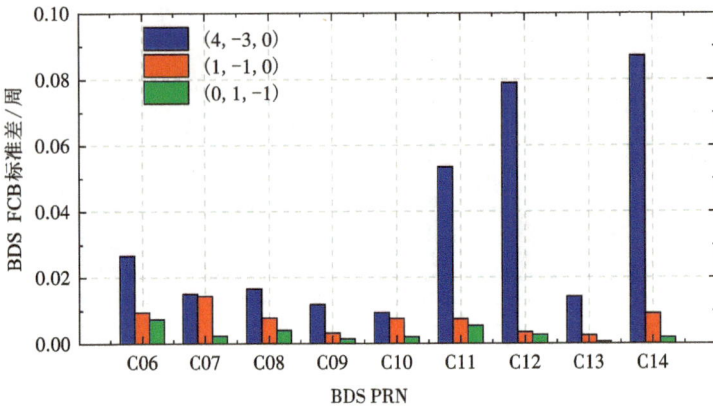

图 4.5　BDS 三频组合每颗卫星 FCB 时间序列的标准差

标准差在宽巷和超宽巷组合中没有明显差异,在窄巷中差异明显。这表明,对于宽巷和超宽巷组合,其较长的波长明显有利于相位偏差的估计。同样,在模糊度固定过程中,宽巷和超宽巷模糊度很容易固定到正确的整数值。对于 MEO 卫星,FCB 时间序列稳定性明显高于 IGSO 卫星,其原因可能是,在多系统融合定位中除了北斗二代服务区域,其他地区可观测到的 MEO 卫星数量太少,影响了 MEO 卫星模糊度的估计精度。

（3）Galileo 三频 FCB 结果。

图 4.6 给出了 Galileo 窄巷、宽巷和超宽巷组合的 FCB 时间序列。图 4.7 给出了 Galileo 系统三频 FCB 的标准差柱状图。Galileo 所有卫星的 FCB 精度比较均匀，窄巷平均标准差为 0.0184 周，宽巷的平均标准差为 0.006 周，超宽巷的平均标准差为 0.0006 周。由此可见，对于信号质量较好的 Galileo 卫星，其 FCB 相对更加稳定，且估计精度明显高于 BDS。

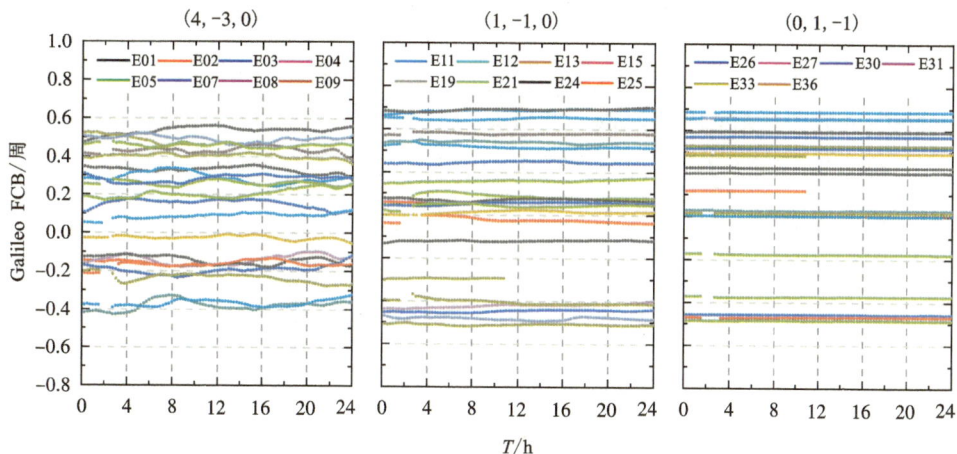

图 4.6　Galileo 三频组合的 FCB 时间序列（估计间隔 15 min）

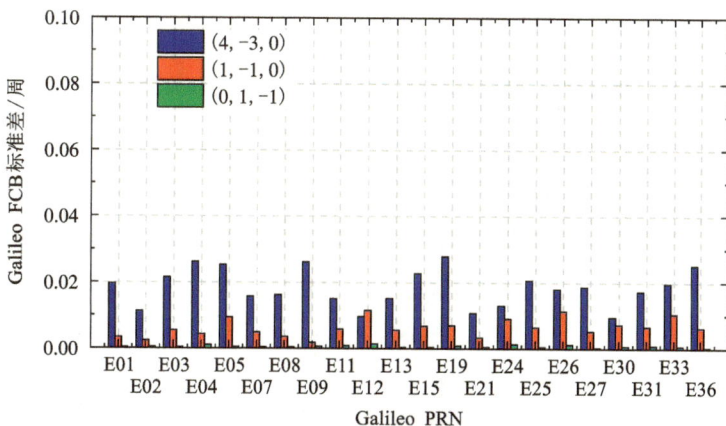

图 4.7　Galileo 三频组合每颗卫星 FCB 时间序列的标准差

4.2.3.2 相位偏差估计精度

在 FCB 估计的过程中,浮点模糊度的验后残差分布表明了 FCB 估值的内符合精度。下面分别给出了 GPS、BDS 和 Galileo 三个系统估计 FCB 的验后残差分布。

(1) GPS 双频 FCB 估计精度。

图 4.8 给出了 GPS 浮点模糊度估计窄巷和宽巷 FCB 的验后残差分布直方图。窄巷的验后残差 RMS 值为 0.067 周,宽巷的验后残差分布 RMS 为 0.069 周。对于窄巷,有 98.6% 的验后残差分布于 ±0.25 周以内,对于宽巷,有 98.9% 的验后残差分布在 ±0.25 周以内。通过非组合 PPP 模型估计得到的窄巷和宽巷 FCB 精度相当,因为对于宽巷模糊度不再受伪距观测噪声的影响,消除了伪距硬件延迟非模型化误差的影响。

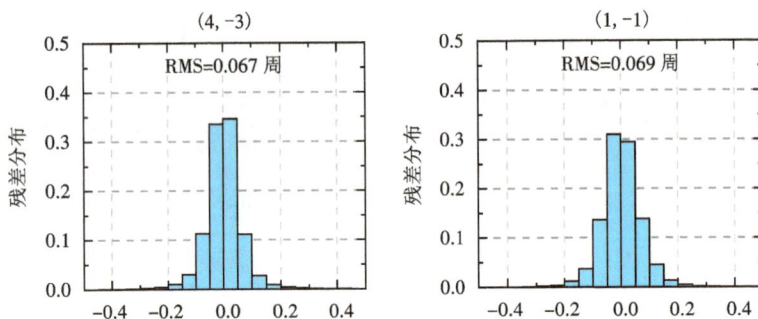

图 4.8 GPS 浮点模糊度估计 FCB 的验后残差分布

(2) BDS 三频 FCB 估计精度。

图 4.9 给出了 BDS 对应的窄巷、宽巷和超宽巷模糊度估计 FCB 的验后残差分布直方图。对于窄巷验后残差,其 RMS 值为 0.063 周,有 98.9% 分布在 ±0.25 周以内。宽巷验后残差的 RMS 值为 0.091 周,有 97.3% 分布在 ±0.25 周以内。而对于超宽巷模糊度,其验后残差的 RMS 值为 0.020 周,有 99.9% 分布在 ±0.10 周内,其分布明显优于宽巷和窄巷结果。这是因为超宽巷超长的波长远高于相位偏差的变化,因此超宽巷模糊度更加稳定,也更加容易在修正之后固定到整数值。

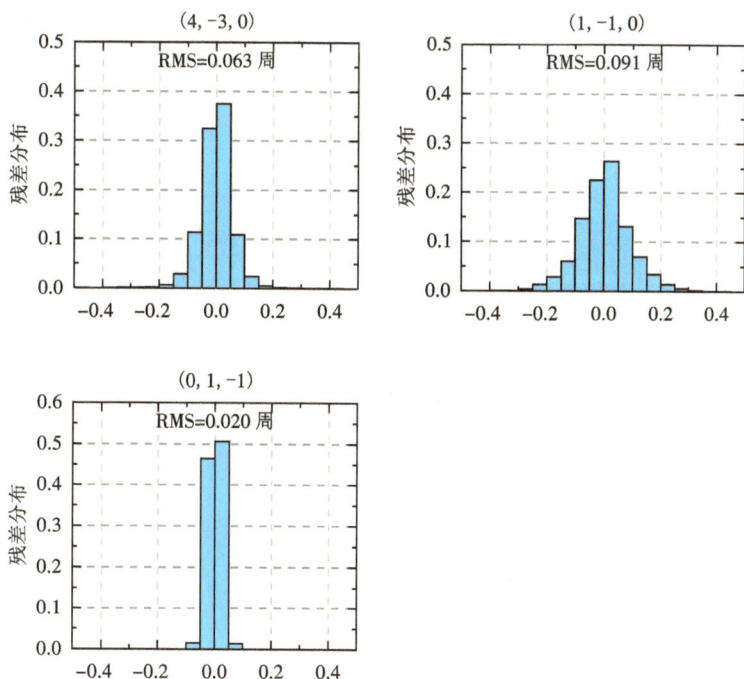

图 4.9　BDS 浮点模糊度估计 FCB 的验后残差分布

（3）Galileo 三频 FCB 估计精度。

图 4.10 给出了 Galileo 对应的窄巷、宽巷和超宽巷模糊度估计 FCB 的验后残差分布直方图。对于窄巷验后残差，其 RMS 值为 0.058 周，有 98.9% 分布在 ±0.25 周以内。宽巷验后残差 RMS 值为 0.045 周，有 99.8% 分布在 ±0.25 周以内。对于超宽巷验后残差，其 RMS 值为 0.005 周，99.9% 分布位于 ±0.10 周以内。相比于 BDS，Galileo 估计 FCB 的验后残差 RMS 精度更高，可知 Galileo 估计的浮点模糊度比 BDS 的精度和一致性更高。

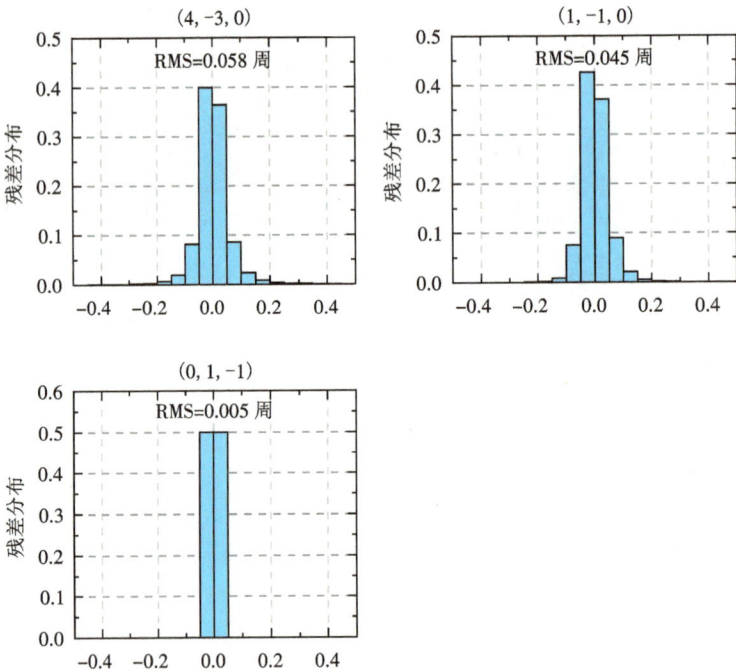

图 4.10　Galileo 浮点模糊度估计 FCB 的验后残差分布

4.2.4　三频 PPP 模糊度固定解性能分析

为评估三频非组合 PPP 模糊度固定的定位精度，从 MGEX 监测网中选择全球分布的 39 个 Galileo 测站和 29 个 BDS 测站进行处理，所有测站均可接收三频观测数据，选择 2019 年 9 月 3 日的观测数据进行处理分析。将 30 s 采样率的单天观测数据按照 3 h 为一个观测时段进行实验，并且统计具有相同观测时长的历元时刻对应的平均精度。

非组合 PPP 静态定位中，采用 GFZ 分析中心的精密卫星轨道钟差产品，以及对应本章的相位偏差 FCB 结果。对于卫星端的 DCB，采用 IGS 多频多系统的硬件延迟偏差产品进行改正，对于接收机端的 DCB 作为常量进行估计。

对于三频 PPP 模糊度固定的定位结果，从定位精度、收敛时间及模糊度固定成功率三个方面进行了评估。

（1）定位精度及收敛时间结果。

图 4.11 和图 4.12 分别给出了 BDS 和 Galileo 系统三频观测数据 3 h 内的平均定位精度变化，其参考坐标为 GPS、BDS 和 Galileo 三系统 24 h 的静态定位结果。图 4.11 中，3 h 内 BDS 在东、北、高程三个方向上的精度收敛速度均较慢。通过统计分析可知，对于 BDS 二代卫星，29 个测站一天内平均的可见卫星数为 9 颗，其中有 5 颗 GEO 卫星。因为 GEO 卫星特殊的星座设计，其卫星轨道精度相比于其他类型卫星显著降低。因此，在非组合定位中，将 GEO 卫星与其他类型卫星的观测值权重设定为 1∶3。BDS 三频浮点解的收敛时间约为 101 min，固定解的收敛时间约为 55.5 min，提升 45.0%，固定解相比于浮点解在收敛时间上具有明显的优势。

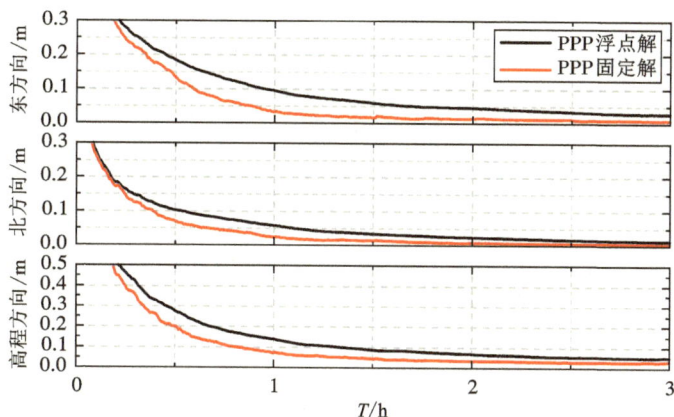

图 4.11　BDS 三频非组合 PPP 静态浮点解和固定解平均定位精度

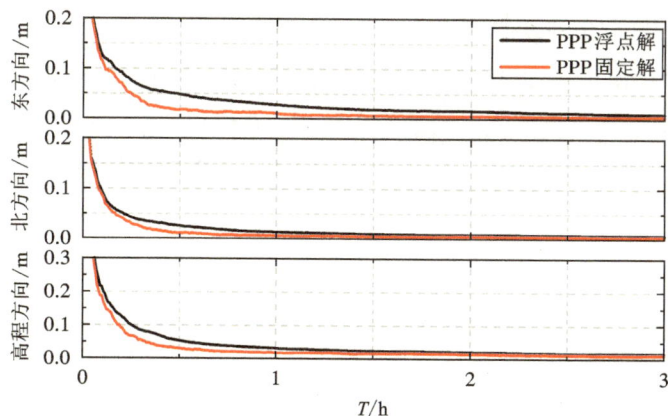

图 4.12　Galileo 三频非组合 PPP 静态浮点解和固定解平均定位精度

图 4.12 给出了 Galileo 三频观测数据的平均定位精度，固定解相比浮点解的收敛速度明显加快。Galileo 浮点解的收敛时间为 20.5 min，固定解的收敛时间为 12.5 min，提升 39%。尽管提升幅度没有 BDS 系统明显，但是 Galileo 系统在浮点解和固定解上的收敛时间均明显优于 BDS。同时表 4.1 给出了 BDS 和 Galileo 三频非组合 PPP 浮点解和固定解 3 h 的最终定位精度。对于 BDS，浮点解精度为 0.062 m，固定解精度为 0.036 m，提升 41.9%。对于 Galileo，浮点解精度 0.021 m，固定解的精度为 0.015 m，提升 28.6%。尽管 Galileo 提升幅度没有 BDS 显著，但是其浮点解和固定解定位精度均明显优于 BDS。特别是，固定解在东方向的精度提升更加明显，对于 BDS 提升 60.7%，对 Galileo 提升 40.0%。

表 4.1　BDS 和 Galileo 三频非组合 PPP 浮点解和固定解 3 h 定位精度

	BDS			Galileo		
	浮点解/m	固定解/m	提高/%	浮点解/m	固定解/m	提高/%
东方向	0.028	0.011	60.7	0.010	0.006	40.0
北方向	0.014	0.007	50.0	0.007	0.005	28.6
高程方向	0.053	0.034	35.8	0.017	0.014	17.6
3 维方向	0.062	0.036	41.9	0.021	0.015	28.6

（2）模糊度固定成功率。

图 4.13 给出了模糊度固定成功历元数与总历元数的比值时间曲线。在定位的初始阶段，模糊度固定成功的概率较低，在定位收敛之后，模糊度的固定成功率一直维持在较高水平。对于 BDS，定位 1 h 之后的平均模糊度固定成功率为 95.6%，Galileo 为 90.5%。BDS 模糊度固定成功率优于 Galileo，可能是因为 BDS 只固定了非 GEO 卫星，因为需要固定的卫星数较少，更加容易通过 LAMBDA 方法确定整数模糊度。

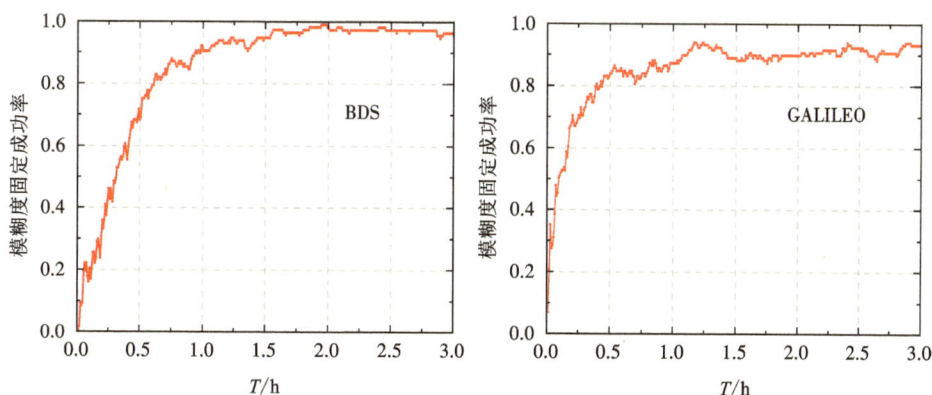

图 4.13 BDS(左)和 Galileo(右)三频 PPP 模糊度固定成功率统计

4.2.5 本节小结

本节利用 BDS 和 Galileo 数据建立三频 PPP 及 FCB 估计模型,评估了三频 FCB 的精度以及三频 PPP 模糊度固定的定位精度。Galileo 系统由于卫星信号质量较高,估计得到 FCB 结果稳定性最高,且其不同组合 FCB 的验后残差 RMS 均小于 0.06 周。而由于北斗二代卫星的星座设计限制,其测站在全球分布并不均匀,BDS 中的 GEO 卫星窄巷 FCB 结果稳定性较差。BDS 三频 PPP 的绝对定位精度不如 Galileo,但是其精度提升幅度远远高于 Galileo 结果,且其模糊度固定成功率优于 Galileo 结果。对于 GPS 三频数据的相位偏差估计及模糊度固定,还需要深入研究,尤其是对于频间钟偏差的深入研究将成为下一步的研究重点。

4.3 多系统组合 PPP 模糊度固定

4.3.1 系统间偏差特性分析

随着 GNSS 的飞速发展,全球卫星导航系统已形成 GPS、GLONASS、Galileo、BDS 四大系统并存局面,截至目前有超过 120 颗卫星在轨运行。采用多系统 GNSS 数据可显著改善观测几何结构，提高导航定位精度。由于不同星座的坐标和时间基准存在差异，相应的接收机硬件延迟也存在差异，在组合精密定位中必须考虑系统间偏差(inter-system bias，ISB)的影响。

本节利用四系统观测数据进行多系统 GNSS 组合 PPP 定位处理，同时得到同一测站中 Galileo、GLONASS、BDS 与 GPS 的 ISB 变化序列，并从 ISB 单天内的短期变化、多天的长期变化及与接收机相关联的偏差序列等方面，分析其影响规律。

4.3.1.1 GNSS 系统间偏差定义

GNSS 系统间的坐标基准和时间基准存在定义差和实现误差，但当采用 MGEX 的四系统精密星历钟差产品时，可以不必考虑坐标和时间基准差异。虽然精密钟差产品的时间基准一般统一到 GPST，但是不同系统在解算过程中选取的基准钟卫星的不同，仍然会导致各个系统的卫星钟差基准存在差异。对于多模接收机来说，由于各个卫星导航信号的主要特征差异较大，特别是载波频率、信号带宽、调制方式、多址方式等与信号频谱特征相关的主要特征存在差异，而且不同的信号需要经过不同的通道，由不同的数字/模拟滤波器处理，造成不同系统在接收机内部的硬件延迟时间不同。由此可知，ISB 主要包含系统间接收机硬件延迟误差和不同系统的基准钟误差之差。根据 ISB 的定义可知，ISB 对观测值的影响主要体现在时间误差上，因此其影响形式等同于不同系统包含无电离层组合硬件延迟的接收机钟差之差。

为研究 ISB 的变化特性，在多模组合 PPP 中，将 ISB 参数作为待定参数进行单历元解算，其本质上等价于独立解算各个系统的单历元接收机钟差。由此，ISB 即为各个系统接收机钟差相对于参考基准的差值，假设以 GPS 系统的接收机钟差为基准，则 Galileo、GLONASS 和 BDS 三个系统相对 GPS 的 ISB 可表示成如下形式：

$$\begin{cases} \mathrm{d}t_{r,\,\mathrm{ISB}}^{\mathrm{E-G}} = \mathrm{d}t_r^{\mathrm{E}} - \mathrm{d}t_r^{\mathrm{G}} \\ \mathrm{d}t_{r,\,\mathrm{ISB}}^{\mathrm{R-G}} = \mathrm{d}t_r^{\mathrm{R}} - \mathrm{d}t_r^{\mathrm{G}} \\ \mathrm{d}t_{r,\,\mathrm{ISB}}^{\mathrm{C-G}} = \mathrm{d}t_r^{\mathrm{C}} - \mathrm{d}t_r^{\mathrm{G}} \end{cases} \tag{4.7}$$

式中：$\mathrm{d}t_{r,\,\mathrm{ISB}}^{\mathrm{E-G}}$、$\mathrm{d}t_{r,\,\mathrm{ISB}}^{\mathrm{R-G}}$、$\mathrm{d}t_{r,\,\mathrm{ISB}}^{\mathrm{C-G}}$ 分别表示 Galileo、GLONASS、BDS 与 GPS 系统之间的系统间偏差；$\mathrm{d}t_r^{\mathrm{G}}$、$\mathrm{d}t_r^{\mathrm{R}}$、$\mathrm{d}t_r^{\mathrm{C}}$、$\mathrm{d}t_r^{\mathrm{E}}$ 分别表示对应 GPS、GLONASS、BDS、Galileo

的接收机钟差。

4.3.1.2　系统间偏差参数估计

采用双频消电离层组合定位模型，根据式(2.4)，对于测站 r 上卫星 s 对应 q 系统的观测方程为：

$$\begin{cases} P_r^{q,s}=\rho_r^{q,s}+cd\bar{t}_r^G+cdt_{r,\mathrm{ISB}}^{q-G}+T_r^{q,s}+\varepsilon_P^{q,s} \\ L_r^{q,s}=\rho_r^{q,s}+cd\bar{t}_r^G+cdt_{r,\mathrm{ISB}}^{q-G}+T_r^{q,s}+\bar{N}_r^{q,s}+\varepsilon_L^{q,s} \end{cases} \tag{4.8}$$

式中：$dt_{r,\mathrm{ISB}}^{q-G}$ 表示系统间偏差；q 表示 G、R、C、E 四个系统，当 q 为 G 时，方程中不再设置系统间偏差参数。

系统间偏差参数估计的随机模型有三种，即时间常数估计、随机游走过程和白噪声过程[33]。

（1）时间常数估计。

将多系统 GNSS 观测方程中的 ISB 参数作为常量估计，其特性不随时间而变化，即在历元 k 处：

$$dt_{r,\mathrm{ISB}}^{q-G}(k)=dt_{r,\mathrm{ISB}}^{q-G}(k-1)，k\neq1 \tag{4.9}$$

其方差为：

$$\sigma_{0,dt_{r,\mathrm{ISB}}^{q-G}(k)}^2=\sigma_{dt_{r,\mathrm{ISB}}^{q-G}(k-1)}^2，k\neq1 \tag{4.10}$$

式中：$\sigma_{0,dt_{r,\mathrm{ISB}}^{q-G}(k)}^2$ 为第 k 历元 ISB 参数的先验方差；$\sigma_{dt_{r,\mathrm{ISB}}^{q-G}(k-1)}^2$ 为第$(k-1)$历元 ISB 参数估计之后的后验方差。

（2）随机游走过程。

将 ISB 参数作为随机游走过程进行估计：

$$dt_{r,\mathrm{ISB}}^{q-G}(k)=dt_{r,\mathrm{ISB}}^{q-G}(k-1)+\omega_{dt_{r,\mathrm{ISB}}^{q-G}(k)}，k\neq1 \tag{4.11}$$

其对应的方差为：

$$\sigma_{0,dt_{r,\mathrm{ISB}}^{q-G}(k)}^2=\sigma_{dt_{r,\mathrm{ISB}}^{q-G}(k-1)}^2+\sigma_{\omega_{dt_{r,\mathrm{ISB}}^{q-G}(k)}}^2，k\neq1 \tag{4.12}$$

式中：$\sigma_{\omega_{dt_{r,\mathrm{ISB}}^{q-G}(k)}}^2$ 表示第 k 历元时，ISB 参数变化部分的随机方差。

（3）白噪声过程。

将 ISB 参数作为白噪声进行估计：

$$\sigma_{0,dt_{r,\mathrm{ISB}}^{q-G}(k)}^2\sim N(dt_{r,\mathrm{ISB}}^{q-G}(k)_{\mathrm{SPP}}，\sigma_{\mathrm{pri},dt_{r,\mathrm{ISB}}^{q-G}(k)}^2) \tag{4.13}$$

式中：$\sigma_{\mathrm{pri},dt_{r,\mathrm{ISB}}^{q-G}(k)}^2$ 为 ISB 参数的先验方差。

在本节试验中,主要是分析系统间偏差 ISB 的变化特性,因此,将 ISB 参数作为白噪声过程进行估计,从而进一步确定 ISB 的变化规律。

4.3.1.3 多系统数据处理

从 MGEX 观测网中选择 7 个能够同时接收到 GPS、GLONASS、Galileo、BDS 四种卫星导航系统信号的测站,对三周(2016 年,年积日 200 天至 220 天)的数据进行多系统组合 PPP 解算,得到 $dt_{r,ISB}^{E-G}$、$dt_{r,ISB}^{R-G}$、$dt_{r,ISB}^{C-G}$ 的变化序列,其具体的数据处理流程如图 4.14 所示。选择的测站中包含了 TRIMBLE NETR9、LEICA GR10、SEPT POLARX4 三种类型接收机,具体各测站接收机类型见表 4.2。

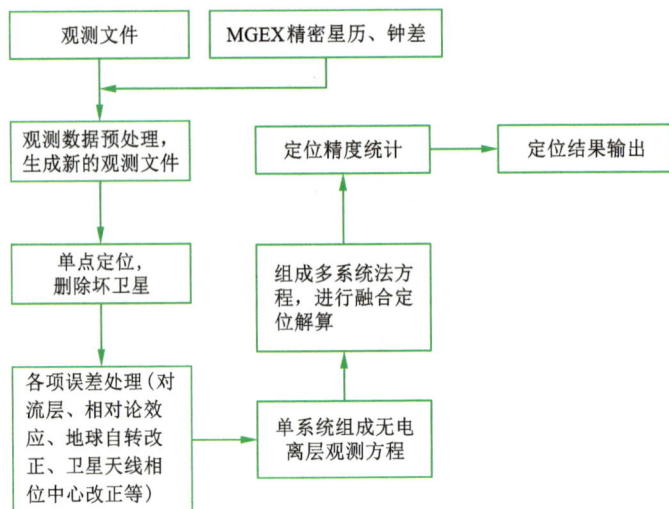

图 4.14 多系统组合 PPP 数据处理流程

表 4.2 测站接收机类型

测站名	接收机类型
CUT0	TRIMBLE NETR9
GMSD	TRIMBLE NETR9
JFNG	TRIMBLE NETR9

续表4.2

测站名	接收机类型
KRGG	LEICA GR10
NNOR	SEPT POLARX4
ONS1	TRIMBLE NETR9
TONG	TRIMBLE NETR9

为了探究 ISB 的特性规律，本章首先验证分析了所有测站的多系统组合 PPP 定位精度，然后，研究单天内各个测站的 ISB 解算结果的变化和多天连续的平均结果序列变化规律，最后对不同接收机类型、不同 ISB 之间的差异进行对比分析。

为了保障 ISB 结果的高精度和高可靠性，首先对三周数据的多模融合 PPP 定位结果进行精度分析，GPS、GLONASS、BDS、Galileo 四系统融合 PPP 定位结果平均精度如图 4.15 所示。从图 4.15 可以看出，融合 PPP 定位偏差结果在东方向分量精度为 8.9 mm，北方向分量为 5.3 mm，高程方向分量为 10.9 mm。相对于单系统定位，多系统组合 PPP 定位的显著优势是卫星数量增加和卫星观测星座几何结构的改善。图 4.16 和图 4.17 选择 GMSD 测站数据进行对比分析，比较了单系统和多系统卫星数和几何精度因子 DOP 值的差异。图 4.16 中 Galileo、GPS、GLONASS、BDS 四个系统平均全天可用卫星数分别为 3 颗、9 颗、

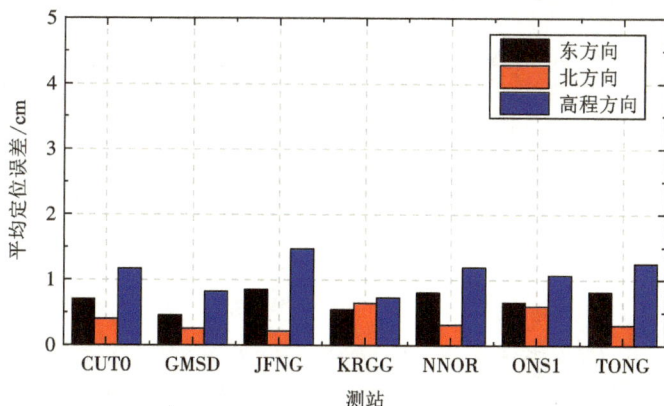

图 4.15 四系统融合 PPP 定位精度

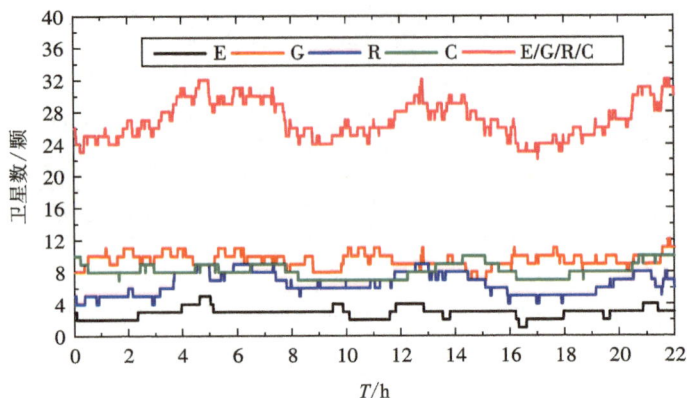

图 4.16 单/多系统的卫星数统计

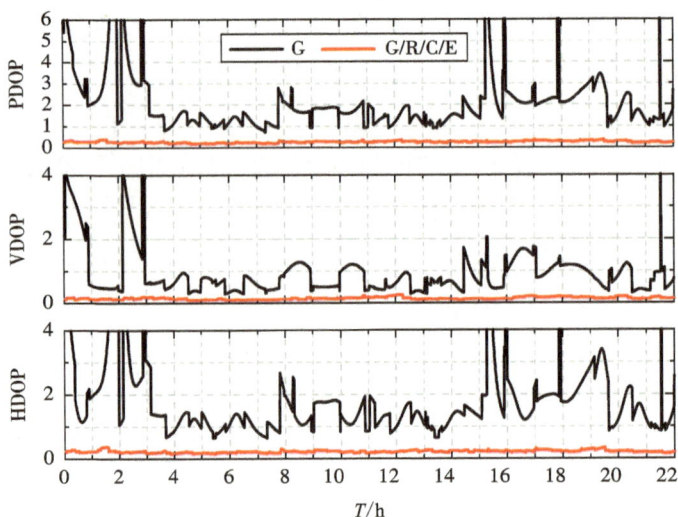

图 4.17 单/多系统的 DOP 值

6 颗、9 颗，总卫星数达到 27 颗，同时卫星星座几何精度因子 PDOP、VDOP、HDOP 值也从单 GPS 系统的 2.75、1.45、2.06 减小到四系统组合的 0.27、0.15、0.22。卫星数量的增加有效增强了 PPP 定位的稳定性和可靠性。通过上述分析，本章实验定位结果的水平精度为 mm 级，高程精度约为 1 cm，能够保证四系统接收机钟差求解精度，进而保证 ISB 结果具有可靠的精度。

4.3.1.4　系统间偏差结果分析

(1)单天内 ISB 变化规律。

通过对接收机钟差进行单历元求解,得到不同系统间 ISB 结果,并对单天内的 ISB 变化进行分析,得到 ISB 在单天内的短期变化规律。图 4.18 分别展示了 Galileo、GLONASS、BDS 三个系统在 2016 年年积日 220 d 与 GPS 之间的系统间偏差($\mathrm{d}t_{\mathrm{r,ISB}}^{\mathrm{E-G}}$ 、 $\mathrm{d}t_{\mathrm{r,ISB}}^{\mathrm{R-G}}$ 、 $\mathrm{d}t_{\mathrm{r,ISB}}^{\mathrm{C-G}}$ 分别减去各自的平均值)ISB 序列,其 STD 分别

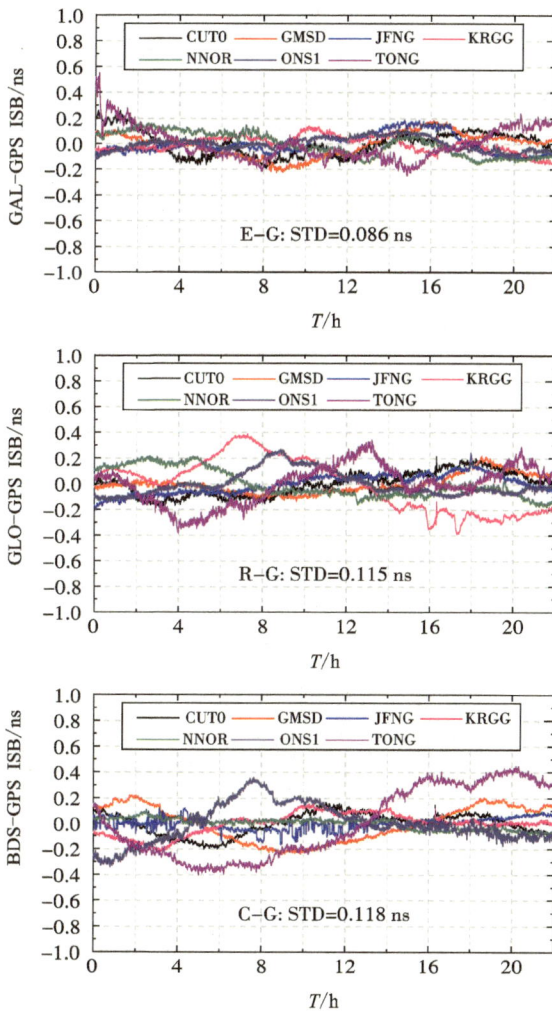

图 4.18　Galileo、GLONASS、BDS 与 GPS 的 ISB 序列(减去平均值)

为 0.086 ns、0.115 ns、0.118 ns。三种系统间偏差单天标准差均小于 0.12 ns，具有较高的稳定性，且各 ISB 的变化波动均在 -0.5 ns 至 0.5 ns 内。值得注意的是，虽然 Galileo 系统卫星数较少，但是其卫星信号质量较好，$dt_{r,ISB}^{E-G}$ 最为稳定。

(2)长时间序列的 ISB 变化。

通过上述分析可知，单天内 ISB 具有较高的稳定性，但是不同测站 ISB 的

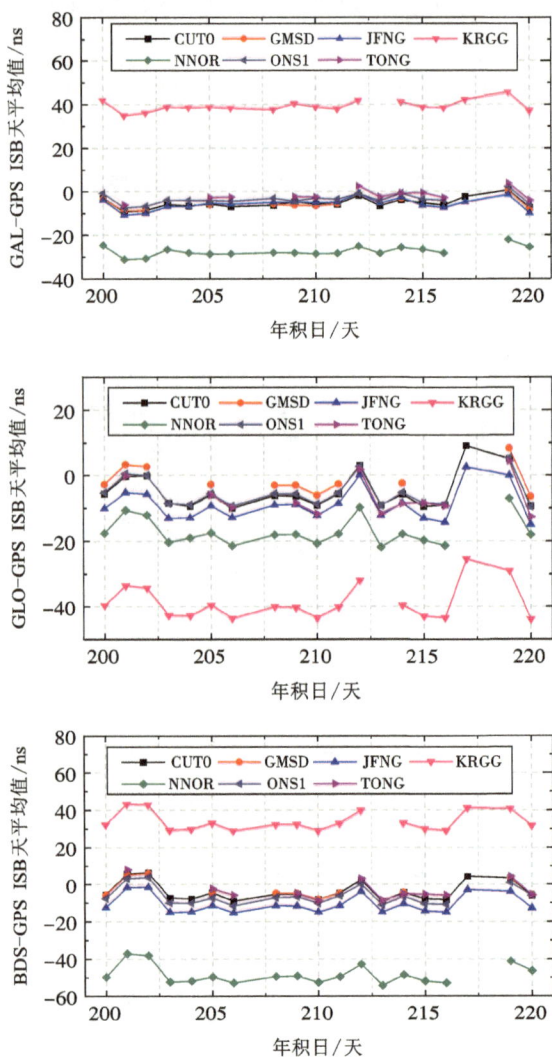

图 4.19 Galileo、GLONASS、BDS 与 GPS 的每天 ISB 平均值序列

平均值可能略有不同，图 4.19 展示了 2016 年年积日 200 天至 220 天三周内 $\mathrm{d}t_{r,\mathrm{ISB}}^{E-G}$、$\mathrm{d}t_{r,\mathrm{ISB}}^{R-G}$、$\mathrm{d}t_{r,\mathrm{ISB}}^{C-G}$ 每天平均值变化序列。实验结果显示，ISB 值在长时间序列中不具有规律性，对于不同类型接收机，不同测站在相邻天之间的 ISB 结果均存在跳动。通过对不同测站相邻天 ISB 的平均值作差，可分析 ISB 在长时间序列中的变化趋势，如图 4.20 所示。尽管对于不同的卫星系统，ISB 的变化趋

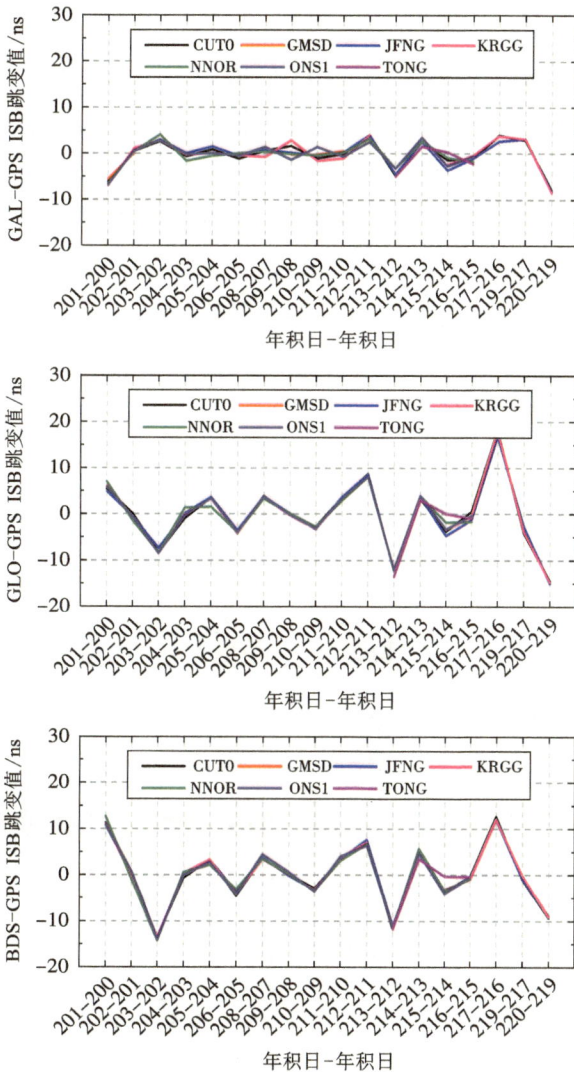

图 4.20　Galileo、GLONASS、BDS 与 GPS 的 ISB 跳动序列

势不相同，但是对于所有测站的同一种 ISB，在同一天都具有相同变化趋势和相近的变化值。这表明，这种 ISB 的跳动与接收机类型无关，其影响因素可能来自不同系统的卫星钟基准误差之差[124]。对于 Galileo、GLONASS、BDS 与 GPS 之间的 ISB 跳动最大值分别可达 8.5 ns、18.2 ns、14.2 ns。

在同一天内，具有相同类型接收机的 ISB 值明显区别于其他类型的接收机，同类型内的接收机具有近似的系统间偏差。不同系统之间的系统间偏差具有明显的差异性，说明在多系统定位中，系统间偏差是不可忽视的误差项，为了削弱 ISB 偏差的系统性影响，在多系统定位中应选择合适的随机模型进行 ISB 估计。

(3) ISB 与接收机类型的关系。

由上节可知，即使是同一类型接收机，各个卫星系统之间的 ISB 仍具有不同的稳定性。为了进一步分析同一种接收机的 ISB 差异规律，本节选择具有相同类型接收机的 5 个测站(CUT0, GMSD, JFNG, ONS1, TONG)，比较 7 天的解算结果，并统计同一天内系统间偏差的最大值与最小值之差，如图 4.21 所示。对于 Galileo 系统，同类型接收机的 ISB 差异值最小，平均为 4.27 ns，GLONASS 和 BDS 系统具有较大的差异值，平均为 7.17 ns 和 7.74 ns。分析认为，Galileo 卫星具有高质量的信号特征，受频间偏差影响较小；由于 GLONASS 频分多址的特征，ISB 值受到频间偏差影响而波动较大；对于 BDS 系统，GEO 卫星的存

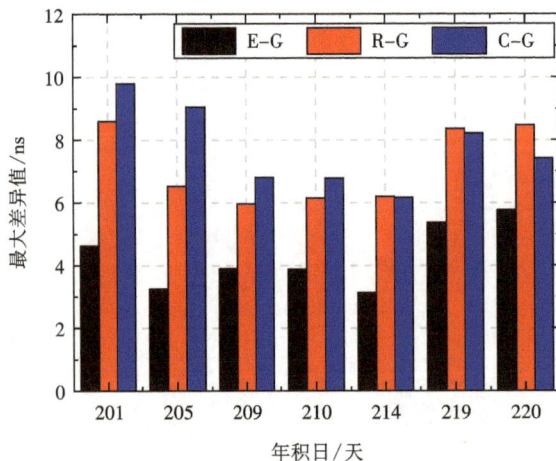

图 4.21　Trimble 接收机之间 ISB 之差最大值

在使相应轨道精度较低，影响了 ISB 的精确求解，导致相同类型接收机在不同测站之间 ISB 波动较大。另外，为了比较不同类型接收机之间的 ISB 量级差异，图 4.22 展示了不同类型接收机(T-L 为 TRIMBLE NETR9-LEICA GR10，T-S 为 TRIMBLE NETR9-SEPT POLARX4，L-S 为 LEICA GR10-SEPT POLARX4)之间的 ISB 最小差值，除了 T-L 的 GLONASS 的 ISB 值小于 10 ns 之外，其他不同类型接收机之间的 ISB 最小差异值都远远大于同类型接收机之间的 ISB 最大差异值，结果表明 ISB 值大小与接收机类型有强相关性。

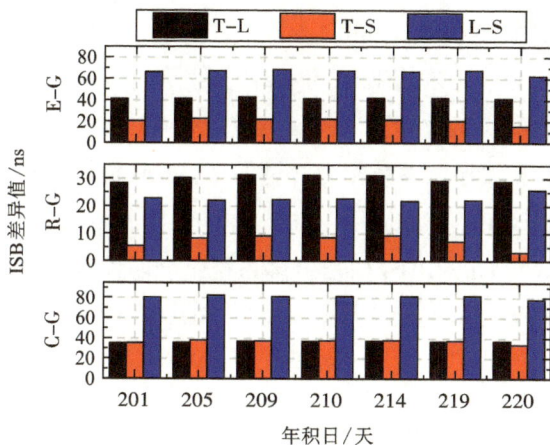

图 4.22　各类型接收机 ISB 之间最小差

4.3.2　多系统 PPP 模糊度固定

尽管模糊度固定解可以明显提高定位精度，减少收敛时间。但是，在卫星数较少的情况下，依然无法为用户提供稳定可靠且高精度的位置服务，特别是对于 BDS 系统。因此，在多系统融合数据处理的基础上，有必要进一步地研究多系统模糊度固定技术对定位精度和收敛时间的影响。

对于多系统定位，其模糊度固定时的组合方式有两种，一种是在系统内卫星间形成单差；另一种是在系统间也组成单差形式。系统内单差形式的模糊度固定，需要在系统内选择一颗卫星作为参考卫星，形成独立的卫星对。对于 GPS、BDS 和 Galileo 系统来说，其 CDMA 信号设计使单差卫星对的模糊度消除了接收机钟差、接收机伪距硬件延迟偏差和相位延迟偏差等。这极大地方便了服务端各系统的相位偏差估计和用户端模糊度固定，且模型简单、方便实现。而对于系统间单差形式的模糊度固定，理论上可以达到最优解，但是面对多系统多频观测值，不仅要面对系统间偏差 ISB 对模糊度固定的影响，还存在不同系统在三个频率上不重叠导致的模糊度差异。因此，对于 GPS、BDS 和 Galileo 模糊度存在不同的频率和波长，采用系统内单差的方式进行模糊度固定。

使用 2019 年 9 月 3 日 MGEX 监测网中 24 个测站进行多系统非组合 PPP 定位性能的评估。所有测站均可同时观测到 GPS、Galileo 和 BDS 卫星，且保持每个观测系统一天内平均卫星可见数保持在 7 颗以上。采用 GFZ 分析中心多系统精密卫星轨道和钟差产品，以及本章估计的卫星相位偏差 FCB 产品。BDS 的卫星天线相位中心改正采用 ESA 分析中心公布的参数。采用标准的非组合 PPP 定位模型，电离层参数作为未知参数进行估计，对流层天顶湿延迟作为常量分段估计，位置和模糊度参数作为常量估计，接收机钟差和系统间偏差作为白噪声估计。采用 GPS、Galileo 和 BDS 观测数据，形成单 GPS 系统、GPS/BDS、GPS/Galileo 和 GPS/BDS/Galileo 多系统组合四种定位方案来评估单系统与多系统浮点解与固定解的定位性能。对于 BDS 系统，只对非 GEO 卫星进行模糊度固定。

4.3.2.1 定位结果精度分析

图 4.23 给出了 24 个测站在东方向、北方向、高程方向和三维方向上的平均定位精度直方图。相比于浮点解定位精度，模糊度固定解在不同方向上均有

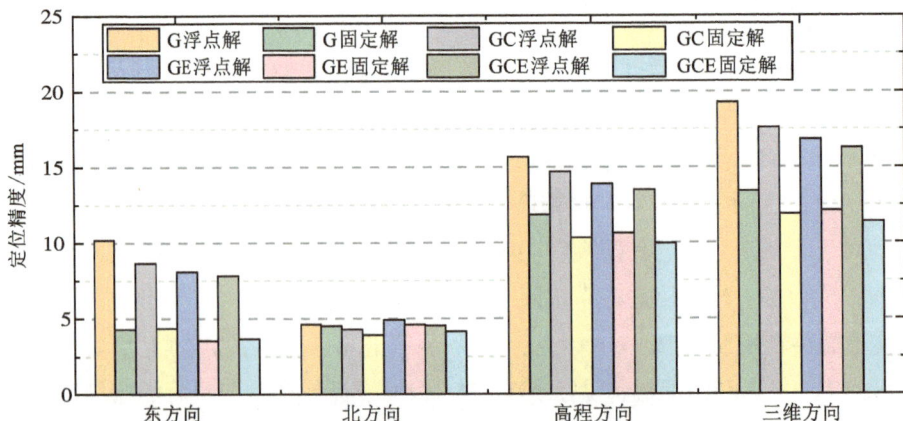

图 4.23 单系统和多系统组合 3 h 的静态定位平均精度

明显提高。特别是对于东方向，通过模糊度固定解，达到与北方向同一水平的精度。在四种定位结果中，单 GPS 系统的定位结果最差，三系统组合的定位结果最高，证明多系统组合定位中，卫星数量的增加确实会提高 PPP 的定位精度。因此，目前不断增加的卫星导航系统和卫星数量对于未来 PPP 的应用会起到至关重要的作用。在多系统组合的情况下，模糊度固定解的精度也随之提高。在浮点解中，单 GPS 系统三维方向的浮点解精度为 1.92 cm，GPS/BDS 和 GPS/Galileo 的浮点解精度分别为 1.76 cm、1.68 cm，三系统组合的定位精度是 1.63 cm。GPS/Galileo 的定位精度高于 GPS/BDS 的组合定位精度。在固定解中，单 GPS 的定位精度为 1.34 cm，GPS/BDS 和 GPS/Galileo 的精度分别为 1.19 cm、1.21 cm，三系统组合的定位精度为 1.14 cm。固定解的精度相比于浮点解都有很大的提升，其中 GPS/BDS 的固定解精度稍优于 GPS/Galileo。因此，对于 PPP 定位来说，多系统数据融合和模糊度固定都是提高定位精度的有效手段。

4.3.2.2　收敛时间分析

图 4.24 给出了 1.5 h 内三系统不同组合情况下的浮点解和固定解平均定位精度收敛序列。在不同方向上，同一时刻固定解的精度均优于浮点解；在同一精度阈值下，固定解收敛的时间也明显短于浮点解。不论是单系统，还是多系统组合，在实现模糊度固定后，固定解对于精度收敛均具有显著的效果。表 4.3 给出了详细的不同时刻浮点解和固定解的定位精度。在 10 min 内，所有定位模式都可以实现 20 cm 的定位精度，固定解则可以实现 10 cm 左右的定位精度。在 30 min 内，四种定位模式均实现了 10 cm 以内的定位精度，而固定解实现了 2~3 cm 的定位结果。四种定位模式，单 GPS、GPS/BDS、GPS/Galileo 和 GPS/BDS/Galileo，其固定解相比于浮点解在不同时刻的平均改善程度为 52.5%、55.5%、52.1% 和 54.9%。在四种定位模式中，多系统组合不论是浮点解还是固定解的收敛速度均优于单 GPS 系统，其中三系统组合性能最优。GPS/Galileo 的收敛速度稍微优于 GPS/BDS 组合，这是因为 BDS 的 GEO 卫星轨道精度较低，在定位过程中降低了 BDS 的 GEO 卫星观测值的权重，并且，Galileo 的信号质量要优于 GPS 和 BDS。表 4.4 给出了最终的四种定位模式收敛时间，单 GPS 系统浮点解收敛时间为 22 min，固定解的收敛时间是 10.5 min，提升 52.3%。GPS/BDS 的浮点解收敛时间为 20.5 min，固定解为

9.5 min，提升 53.7%。GPS/Galileo 的浮点解收敛时间为 16.5 min，固定解为 8 min，提升 51.5%。三系统组合浮点解收敛时间为 16 min，固定解精度为 7.5 min，提升 53.1%。

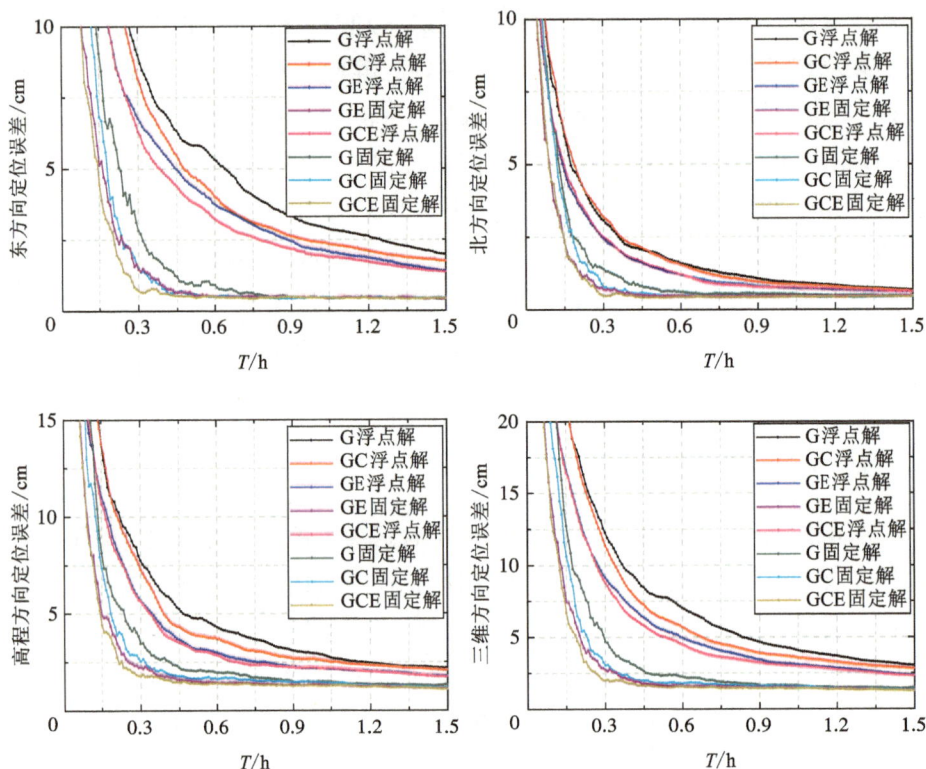

图 4.24　单系统和多系统组合 1.5 h 内的平均精度收敛序列

表 4.3　单系统和多系统组合浮点解和固定解定位结果在不同时刻精度比较

系统		不同时间定位精度					
		10 min	20 min	30 min	60 min	120 min	180 min
G	浮点解/cm	19.8	11.2	7.8	4.3	2.5	1.9
	固定解/cm	10.9	3.9	2.4	1.7	1.4	1.3
	提高/%	44.9	65.2	69.2	60.5	44.0	31.6

续表4.3

系统		不同时间定位精度					
		10 min	20 min	30 min	60 min	120 min	180 min
GC	浮点解/cm	19.7	10.2	6.5	3.7	2.4	1.8
	固定解/cm	9.0	2.7	1.8	1.6	1.4	1.2
	提高/%	54.3	73.5	72.3	56.8	41.7	33.3
GE	浮点解/cm	15.6	8.4	5.7	3.2	2.1	1.7
	固定解/cm	6.9	2.6	1.8	1.5	1.3	1.2
	提高/%	55.8	69.0	68.4	53.1	38.1	29.4
GCE	浮点解/cm	15.4	7.9	5.2	3.0	2.0	1.6
	固定解/cm	5.7	2.0	1.6	1.4	1.2	1.1
	提高/%	63.0	74.7	69.2	53.3	40.0	31.3

表4.4　单系统和多系统组合浮点解和固定解的收敛时间

系统	浮点解/min	固定解/min	提高/%
G	22	10.5	52.3
GC	20.5	9.5	53.7
GE	16.5	8	51.5
GCE	16	7.5	53.1

4.3.2.3　模糊度固定成功率分析

图 4.25 给出了不同历元平均的模糊度固定成功率。对于多系统组合模糊度固定，按照 GPS、BDS、Galileo 的顺序依次进行模糊度固定，其 ratio 检验阈值设置为 2。在 PPP 定位一开始，模糊度固定成功率一直在较低的水平，因为浮点解的精度误差太大，无法满足模糊度固定的要求。随着浮点解的精度不断提高，模糊度固定成功率越来越高。定位时间超 1 h，多系统组合定位模式的模糊度固定成功率均可达到99%，单 GPS 系统的模糊度固定成功率达到97.9%。表 4.5 表明，在定位初期，多系统对提高模糊度固定成功率具有明显效果，在 10 min 内就可以达到 99.0%。

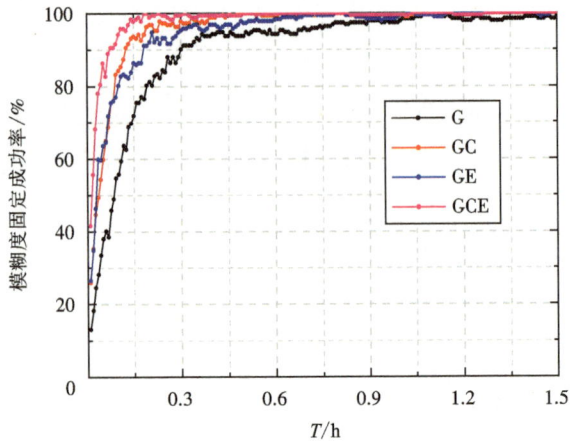

图 4.25　单系统和多系统组合的模糊度固定成功率

表 4.5　单系统和多系统组合 PPP 在不同时刻的模糊度固定成功率

时间/min	模糊度固定成功率/%			
	G	GC	GE	GCE
10	75.5	94.3	86.5	99.0
20	91.1	99.0	96.4	99.0
30	93.8	100.0	97.4	100.0
60	97.9	99.5	100.0	99.5
120	99.5	100.0	99.5	100.0
180	97.9	99.5	99.5	100.0

4.3.3　本节小结

　　本节首先分析不同系统之间的系统间偏差特性，揭示了系统间偏差单天内和多天的变化规律，建立了顾及系统间偏差的多系统 PPP 模型。利用 GPS、BDS 和 Galileo 观测数据实现三系统组合 PPP 模糊度固定解，并评估了单系统与多系统定位精度、收敛时间和模糊度固定成功率三方面的精度差异。多系统组合数据在提高定位精度,实现快速模糊度固定解方面发挥了显著作用,但是对于三频数据的多系统组合定位结果还需要进一步研究。

4.4　本章小结

本章首先针对当前 BDS 和 Galileo 系统中的三频信号,提出了三频相位偏差 FCB 的估计模型及模糊度固定方法。利用实测数据,详细分析了 FCB 的估计精度和模糊度固定解的定位性能。其次,针对多系统观测数据,深入研究了由不同系统之间的时间和坐标基准差异造成的系统间偏差特性,揭示了其变化规律,建立了多系统 PPP 模型。最后,利用多系统 PPP 模型进行多系统 FCB 的估计与模糊度固定,并评估了 FCB 的估计精度和模糊度固定解的定位性能。本章得到的主要结论如下:

(1)建立了基于 BDS、Galileo 的三频非组合 PPP 模型及三频相位偏差 FCB 的估计方法。利用 MGEX 监测网的观测数据,评估了 BDS 和 Galileo 三频 FCB 的估计精度,验证了 BDS 和 Galileo 在三频 PPP 中的定位性能。对于 BDS,浮点解和固定解的收敛时间分别为 101 min 和 55.5 min,提升 45.0%。BDS 的浮点解定位精度为 0.062 m,固定解精度为 0.036 m,提升 41.9%。Galileo 的浮点解收敛时间为 20.5 min,固定解为 12.5 min,提升 39%。其对应的定位精度分别为 0.021 m 和 0.015 m,提升 28.6%。因为 BDS 本身的定位精度较差,因此,模糊度固定解对于 BDS 的改善幅度要好于 Galileo。

(2)针对多系统定位中存在的系统间偏差问题,分析了 Galileo、GLONASS、BDS 与 GPS 之间的系统间偏差特性。从单天内的短期变化来看,不同系统 ISB 在一天内具有较高的稳定性,其单天标准差均小于 0.12 ns。对于多天连续的 ISB 变化,由于 ISB 存在不规律的跳变,因此不建议进行连续跨天多模融合 PPP 解算。同时,对于不同类型的接收机,ISB 表现出明显的差异性,表明系统间偏差与接收机类型具有较强的相关性。

(3)通过多系统组合 PPP 定位,实现模糊度固定解,显著减少了收敛时间和提高了定位精度。相比于单 GPS 系统,GPS/BDS 和 GPS/Galileo 的双系统定位精度和收敛时间均有较大提高,而 GPS/BDS/Galileo 三系统组合定位结果的精度最高，实现 1.14 cm 的固定解和 1.63 cm 的浮点解定位精度。通过实现三系统模糊度固定解，PPP 的收敛时间减少到 7.5 min，并将模糊度固定成功率维持在 99% 以上。

本章主要基于实测数据对 BDS 和 Galileo 三频 FCB 估计及 PPP 模糊度固定进行了评估，同时也对多系统 PPP 的系统间偏差变化规律进行了分析，评估了多系统 FCB 估计与模糊度固定的精度。本章利用三频多系统观测数据进行模糊度固定的结果将在后续的研究中进行分析。此外，利用 GPS 观测数据进行三频 PPP 模糊度固定也是下一步的研究重点。

第 5 章

顾及接收机码偏差的非组合 PPP 模型

在已有的 PPP 数学模型中，一般忽略收机码偏差变化对定位模型的影响，简单的利用伪距残差吸收变化部分。然而，大量的实验结果表明，在接收机码偏差短时变化非常剧烈的情况下，PPP 的定位结果及模糊度参数估计和模糊度固定都会产生较大偏差。本章详细分析了接收机码偏差的变化特性以及对 PPP 参数估计的影响，通过对现有非组合 PPP 模型的改进，提出顾及接收机码偏差的非组合 PPP 模型，并对其定位性能和模糊度固定结果进行了实验分析。

5.1 引言

接收机和卫星端伪距码偏差和载波相位偏差的存在，导致 PPP 非差模糊度不再具备整数特性，这一点已经在第 3 章明确解释说明[30, 58-61, 125]。FCB 偏差在模糊度固定时需要预先改正或者被其他参数吸收，从而恢复模糊度的整数特性[70, 99, 118, 119, 126]。这些偏差与硬件延迟强相关，且无法在非差模型中明确估计其绝对量[42, 62, 127-129]。IGS 组织也已发布卫星的 DCB 产品，用于修正观测值，实现不同的定位模型[130]。对于卫星每月 DCB 的标准差，GPS 为 0.11 ns，GLONASS 为 0.18 ns，BDS 为 0.17 ns，Galileo 为 0.14 ns[131]。实际上，对于这些 GNSS 系统，卫星的 DCB 的稳定性相对较高，从而在数据处理中，完全可以作为常量偏差[132]。然而，接收机 DCB 或者码偏差，在一天内表现出明显的变化趋势[55, 133, 134]。例如，在连续的 2 h 内，接收机的 DCB 波动可以达到 9 ns，这种变化与接收机硬件更新或者环境温度有关[126, 134]。

在标准非组合 PPP 模型中，利用 IGS 的精密卫星轨道和钟差产品，将卫星和接收机的码偏差作为常量进行处理，并与钟差和模糊度参数相互耦合。利用 IGS 的钟差改正数，卫星端的码偏差可以被严格地当作常量对待，只有接收机端的码偏差需要更加严密的分析。接收机消电离层组合码偏差与接收机钟差和模糊度参数相互耦合，然而，模型中接收机钟差估计采用白噪声随机模型，模糊度参数估计采用常量模型估计。因此，接收机码偏差的常数部分将被钟差和模糊度吸收，而时变部分将被伪距残差吸收。在接收机码偏差存在较大变化的情况下，PPP 模型得到的参数估计是次优解，有必要改进现有非组合 PPP 模型，减弱接收机码偏差对参数估计的影响。

5.2　接收机码偏差变化分析

首先，介绍利用无几何载波组合提取电离层观测值，从而进行接收机码偏差变化的探测。伪距和载波消电离层组合观测值也被用来计算消电离层组合伪距多路径，载波和伪距无几何观测值用来计算宽巷组合多路径。基于对接收机码偏差的分析，提出改进的非组合 PPP 模型。

5.2.1　无几何载波观测值模型

对于双频伪距和载波相位观测方程式(2.1)，可进一步详细表示为：

$$
\begin{cases}
P_{r,f}^{s} = \rho_{r}^{s} + cdt_{r} - cdt^{s} + T_{r}^{s} + \gamma_{f}I_{r,1}^{s} + \\
\qquad c(d_{r,f}^{s} + \delta d_{r,f}^{s}) - c(d_{f}^{s} + \delta d_{f}^{s}) + m_{P,f}^{s} + \varepsilon_{P,f} \\
L_{r,f}^{s} = \rho_{r}^{s} + cdt_{r} - cdt^{s} + T_{r}^{s} - \gamma_{f}I_{r,1}^{s} + \lambda_{f}^{s}N_{r,f}^{s} + \\
\qquad \lambda_{f}^{s}(b_{r,f}^{s} + \delta b_{r,f}^{s}) - \lambda_{f}^{s}(b_{f}^{s} + \delta b_{f}^{s}) + m_{L,f}^{s} + \varepsilon_{L,f}
\end{cases}
\tag{5.1}
$$

式中：$d_{r,f}^{s}$ 和 d_{f}^{s} 表示接收机和卫星端伪距硬件延迟偏差常量部分；$\delta d_{r,f}^{s}$ 和 δd_{f}^{s} 表示相应的变化部分；$b_{r,f}^{s}$ 和 b_{f}^{s} 表示接收机和卫星端载波相位硬件延迟偏差常量部分；$\delta b_{r,f}^{s}$ 和 δb_{f}^{s} 表示相应的变化部分；$m_{P,f}^{s}$ 和 $m_{L,f}^{s}$ 表示伪距和载波观测值的多路径误差；其他参数与式(2.1)一致。

将零基线或短基线中 2 台接收机的观测数据，利用 carrier-to-code leveling (CCL)方法获取每颗卫星站间单差的电离层估计值，从而进行接收机相对稳定

性的分析。CCL 方法利用伪距和载波无几何观测值进行处理, 获取电离层延迟量, 可以进一步表达为:

$$
\begin{cases}
P_{r,4}^{s} = P_{r,2}^{s} - P_{r,1}^{s} = (\gamma_2 - 1)I_{r,1}^{s} + \\
\qquad (DCB^{s} + \delta DCB^{s}) - (DCB_r + \delta DCB_r) + m_{r,P_4}^{s} + \varepsilon_{P_4} \\
L_{r,4}^{s} = L_{r,1}^{s} - L_{r,2}^{s} = (\gamma_2 - 1)I_{r,1}^{s} + (\lambda_2 N_{r,1}^{s} - \lambda_1 N_{r,2}^{s}) + \\
\qquad (DPB_r + \delta DPB_r) - (DPB^{s} + \delta DPB^{s}) + m_{r,L_4}^{s} + \varepsilon_{L_4}
\end{cases} \quad (5.2)
$$

式中: $P_{r,4}^{s}$ 和 $L_{r,4}^{s}$ 分别表示伪距和载波的无几何观测值; $DCB_r = d_{r,1} - d_{r,2}$ 和 $DCB^{s} = d_1^{s} - d_2^{s}$ 表示接收机和卫星端的伪距常量差分码偏差; $\delta DCB_r = \delta d_{r,1} - \delta d_{r,2}$ 和 $\delta DCB^{s} = \delta d_1^{s} - \delta d_2^{s}$ 分别表示对应的时变部分; $DPB_r = b_{r,1} - b_{r,2}$ 和 $DPB^{s} = b_1^{s} - b_2^{s}$ 表示接收机和卫星端的载波常量差分相位偏差; $\delta DPB_r = \delta b_{r,1} - \delta b_{r,2}$ 和 $\delta DPB^{s} = \delta b_1^{s} - \delta b_2^{s}$ 表示对应的时变部分。因此, MW 组合可进一步详细表示为:

$$
\lambda_4 N_{r,4}^{s} = L_{r,4}^{s} - P_{r,4}^{s} = \lambda_1 N_{r,1}^{s} - \lambda_2 N_{r,2}^{s} +
$$
$$
(DPB_r + \delta DPB_r) - (DPB^{s} + \delta DPB^{s}) + (DCB_r + \delta DCB_r) -
$$
$$
(DCB^{s} + \delta DCB^{s}) + (m_{r,L_4}^{s} - m_{r,P_4}^{s}) + (\varepsilon_{r,L_4} - \varepsilon_{r,P_4}) \quad (5.3)
$$

在 CCL 方法中, 利用载波平滑伪距获取的无几何模糊度消除载波提取电离层延迟中的模糊度参数。因此, 电离层延迟可以表示为:

$$
L_{r,ccl}^{s} = \Phi_{r,4}^{s} - \langle \Phi_{r,4}^{s} - P_{r,4}^{s} \rangle_{arc}
$$
$$
= (\gamma_2 - 1)I_{r,1}^{s} + D_{ccl}^{s} - D_{r,ccl} + d_{leveling} + m_{r,ccl}^{s} + \varepsilon_{ccl} \quad (5.4)
$$

式中: $d_{leveling}$ 表示平滑误差, 是由平滑无几何模糊度误差造成的偏差, 包含伪距码偏差和多路径。对于某一颗卫星来说, 在一个连续的观测弧段内, $d_{leveling}$ 是一个常量。进一步的定义接收机端的偏差为:

$$
D_{r,ccl} = (DPB_r - \langle DPB_r \rangle) + (\delta DPB_r - \langle \delta DPB_r \rangle) + (\langle DCB_r \rangle + \langle \delta DCB_r \rangle) \quad (5.5)
$$

同样, 定义卫星端的偏差为:

$$
D_{ccl}^{s} = (DPB^{s} - \langle DPB^{s} \rangle) + (\delta DPB^{s} - \langle \delta DPB^{s} \rangle) + (\langle DCB^{s} \rangle + \langle \delta DCB^{s} \rangle) \quad (5.6)
$$

此外, 多路径和观测噪声:

$$
\begin{cases}
m_{r,ccl}^{s} = m_{r,\Phi_4}^{s} - \langle m_{r,\Phi_4}^{s} \rangle + \langle m_{r,P_4}^{s} \rangle \\
\varepsilon_{ccl} = \varepsilon_{\Phi_4} - \langle \varepsilon_{\Phi_4} \rangle + \langle \varepsilon_{P_4} \rangle
\end{cases} \quad (5.7)
$$

因此，考虑到上述所有的偏差项，可知 CCL 提取的电离层延迟观测值主要包含了电离层倾斜延迟量、接收机和卫星端的码偏差、平滑误差、多路径和观测噪声。基于载波较高的观测精度，相位多路径和观测噪声可以在计算时忽略。伪距多路径在平滑无几何模糊度中被消除。式(5.4)可以表达为：

$$\tilde{I}^s_{r,\,ccl} = (\gamma_2 - 1)I^s_{r,\,1} + D^s_{ccl} - D_{r,\,ccl} + d_{leveling} \tag{5.8}$$

在一个零基线或短基线中，将 2 个接收机标记为 A 和 B。2 个接收机间的单差电离层延迟观测值可以消除真实的电离层倾斜延迟量和卫星端的偏差。因此，这一单差观测值反映了接收机码偏差的变化。在其他文献中，这种单差被称为接收机间码偏差(between-receiver differential code bias, BR-DCB)：

$$\Delta \tilde{I}^s_{AB,\,ccl} = \tilde{I}^s_{A,\,ccl} - \tilde{I}^s_{B,\,ccl}$$
$$= -(D_{A,\,ccl} - D_{B,\,ccl}) + d_{A,\,leveling} - d_{B,\,leveling} \tag{5.9}$$

从式(5.5)可知，如果接收机码偏差的时变部分不明显，式(5.9)中的 BR-DCB 在一个连续观测时段内是一个常量。一天内所有卫星的 BR-DCB 将被用来探测接收机码偏差的变化趋势。

5.2.2　消电离层组合观测值模型

消电离层组合伪距和载波组合，消除了电离层延迟的一阶项偏差。首先，定义如下公式：

$$\begin{cases} \alpha_{12} = \dfrac{\gamma_2}{\gamma_2 - 1}, \ \beta_{12} = \dfrac{1}{1 - \gamma_2} \\[2mm] d_{r,\,if} = \alpha_{12}d_{r,\,1} + \beta_{12}d_{r,\,2}, \ \delta d_{r,\,if} = \alpha_{12}\delta d_{r,\,1} + \beta_{12}\delta d_{r,\,2} \\[2mm] d^s_{if} = \alpha_{12}d^s_1 + \beta_{12}d^s_2, \ \delta d^s_{if} = \alpha_{12}\delta d^s_1 + \beta_{12}\delta d^s_2 \\[2mm] b_{r,\,if} = \alpha_{12}b_{r,\,1} + \beta_{12}b_{r,\,2}, \ \delta b_{r,\,if} = \alpha_{12}\delta b_{r,\,1} + \beta_{12}\delta b_{r,\,2} \\[2mm] b^s_{if} = \alpha_{12}b^s_1 + \beta_{12}b^s_2, \ \delta b^s_{if} = \alpha_{12}\delta b^s_1 + \beta_{12}\delta b^s_2 \end{cases} \tag{5.10}$$

利用式(2.4)，并且考虑接收机和卫星的伪距及相位硬件延迟偏差的变化量，进行消电离层组合的伪距多路径研究。将消电离层组合的载波相位观测值和伪距观测值相减，得到：

$$LPc_{if} = \Phi^s_{r,\,if} - P^s_{r,\,if}$$

$$= \lambda_{if} N_{if} + (b_{r,\,if} + \delta b_{r,\,if}) - (b^s_{if} + \delta b^s_{if}) - (d_{r,\,if} + \delta d_{r,\,if} - d^s_{if} - \delta d^s_{if}) + m^s_{r,\,P_{if}}$$

$$(5.11)$$

利用式(5.11)，并通过取平均的方法消除模糊度常量的影响，分析消电离层组合的伪距多路径效应。

5.2.3　非组合 PPP 模型

根据 GNSS 观测方程的线性化，式(5.1)中的接收机和卫星的钟差、伪距和载波的硬件延迟偏差以及模糊度参数都是线性相关的。因此，在基于最小二乘准则的平差中，这些参数无法完全分离并且独立估计出来。经过重新参数化后，在非组合的观测方程中，只有坐标参数、对流层参数、接收机钟差、电离层延迟和模糊度参数作为待估参数。对于卫星钟差，一般采用 IGS 分析中心公布的精密钟差产品。在公式分析中，钟差参数的存在仅为了便于误差分析。因为 IGS 分析中心估计卫星钟差一般采用双频观测数据，而不改正卫星端的 DCB 偏差。因此，对于接收机和卫星端的钟差一般可以定义为：

$$\begin{cases} d\tilde{t}_r = dt_r + (d_{r,\,if} + \delta b_{r,\,if})/c \\ d\tilde{t}^s = dt^s + (d^s_{if} + \delta b^s_{if})/c \end{cases} \qquad (5.12)$$

式中：$d\tilde{t}_r$ 和 $d\tilde{t}^s$ 表示重新参数化之后的接收机和卫星的钟差。在非组合 PPP 模型中，电离层延迟量需要进行参数估计。在标准非组合模型中，在没有电离层先验改正信息的情况下，接收机和卫星端的伪距 DCB 常量偏差和载波的 DPB 时变偏差将与电离层延迟估计量融合在一起进行估计。因此，可以定义如下公式：

$$\begin{cases} \tilde{I}^s_{r,\,1} = I^s_{r,\,1} - \dfrac{1}{\gamma_2 - 1}(DCB_r - DCB^s) + \dfrac{1}{\gamma_2 - 1}(\delta DPB_r - \delta DPB^s) \\ \tilde{N}^s_{r,\,f} = N^s_{r,\,f} + (b_{r,\,f} - b^s_f)/\lambda_f - (d_{r,\,if} - d^s_{if})/\lambda_f - \dfrac{\gamma_f}{\gamma_2 - 1}(DCB_r - DCB^s)/\lambda_f \end{cases}$$

$$(5.13)$$

式中：$\tilde{I}^s_{r,\,1}$ 表示第一频率上估计的电离层参数；$\tilde{N}^s_{r,\,f}$ 表示模糊度待估参数。因此，常用的非组合 PPP 模型表示为：

$$\begin{cases} P_{r,f}^s = \rho + c(d\tilde{t}_r - d\tilde{t}^s) + T + \gamma_f \tilde{I}_{r,1}^s + e_{P,f} \\ \Phi_{r,f}^s = \rho + c(d\tilde{t}_r - d\tilde{t}^s) + T - \gamma_f \tilde{I}_{r,1}^s + \lambda_f \widetilde{N}_{r,f}^d + \varepsilon_{\Phi,f} \end{cases} \quad (5.14)$$

其中，伪距的残差表达为：

$$e_{P,f} = \delta d_{r,f} - \delta d_f^s + \delta b_{if}^s - \delta b_{r,if} - \frac{\gamma_f}{\gamma_2 - 1}(\delta DPB_r - \delta DPB^s) + \varepsilon_{P,f} \quad (5.15)$$

在式(5.13)和式(5.14)中，电离层延迟量和模糊度参数中都吸收了接收机 DCB 常量偏差。相比于载波观测值，伪距观测值较弱的权重比将会导致伪距码偏差的时变部分被伪距残差吸收。因此，在式(5.15)中，非组合伪距观测值的残差不仅受伪距多路径和观测噪声的影响，而且包含了伪距和载波硬件延迟的时变部分。然而，由于伪距硬件延迟、钟差与模糊度参数之间较强的相关性，伪距码偏差对于模糊度参数估计的影响也不可完全忽略。当接收机的码偏差在短时间发生较大的变化时，式(5.14)中的非组合模型将不能获得最优解。实际上，接收机码偏差的变化将会降低非组合模型中电离层延迟参数和模糊度参数的估计精度，应该对伪距残差中非模型化的码偏差变化进行更好的模型化处理。因此，后续章节中提出了改进型的非组合模型。

5.3　顾及接收机码偏差变化的非组合 PPP 模型

5.3.1　非组合 PPP 模型分析

在通用的非组合模型中，可假设码偏差的常量部分被钟差和模糊度参数吸收，而时变部分则被伪距残差吸收。为了进一步地考虑接收机码偏差的时变部分的影响，在改进型的非组合 PPP 模型中，降低了码偏差与模糊度之间的相关性。对于卫星码偏差而言，已有的文献表明，其在短时间内相当稳定，因此可以不用考虑其时变部分在伪距残差中的影响。而当接收机码偏差出现明显的变化时，不可避免地对模糊度的准确估计产生不利的影响，特别是在 PPP 的初始化阶段以及实时或者动态估计解算中。类似于解耦钟差，通过将伪距钟差与载波钟差的强相关关系分离，以减弱伪距码偏差变化对模糊度估计的影响，提高模糊度固定性能。此处，在伪距观测方程中定义一个新的变量 $d_{r,P}$，用来表示接收机伪距钟差与载波钟差参数的差异值。因此，可以将式(5.14)进一步表达为：

$$\begin{cases} P_{r,f}^s = \rho + c(\mathrm{d}t_{r,\Phi} + d_{r,P} - \mathrm{d}\tilde{t}^s) + T + \gamma_f \tilde{I}_{r,1}^s + e'_{P,f} \\ \Phi_{r,f}^s = \rho + c(\mathrm{d}t_{r,\Phi} - \mathrm{d}\tilde{t}^s) + T - \gamma_f \tilde{I}_{r,1}^s + \lambda_f \widetilde{N}_{r,f}^s + \varepsilon_{\Phi,f} \end{cases} \quad (5.16)$$

式中：模糊度参数将重新表示为

$$\widetilde{N}_{r,f}^s = N_{r,f}^s + (b_{r,f} - b_f^s)/\lambda_f + d_{if}^s/\lambda_f - \frac{\gamma_f}{\gamma_2 - 1}(\mathrm{DCB}_r - \mathrm{DCB}^s)/\lambda_f \quad (5.17)$$

新的伪距残差表示为：

$$e'_{P,f} = \frac{\gamma_f}{\gamma_2 - 1}\delta\mathrm{DCB}_r - \delta\mathrm{d}_f^s + \delta b_{if}^s - \delta b_{r,if} - \frac{\gamma_f}{\gamma_2 - 1}(\delta\mathrm{DPB}_r - \delta\mathrm{DPB}^s) + e_{P,f}$$

$$(5.18)$$

与式(5.13)比较，新的模糊度参数不再包含接收机消电离层组合码偏差的影响。而对于接收机的 DCB，如果存在电离层先验改正信息，在非组合模型中可以进行单独估计，从而进一步分离接收机 DCB 的影响。因此，在式(5.17)中，模糊度参数被更加严格地当作常量参数进行估计。而对于伪距残差，每个频率单独的接收机伪距硬件延迟偏差被接收机 DCB 的时变偏差替代，其相对于单频的伪距硬件延迟偏差的变化更稳定，从而减少了对于参数估计的影响。

5.3.2　模糊度及接收机码偏差估计分析

尽管式(5.16)中，接收机码偏差已经从模糊度参数中分离出来。但是，伪距观测方程中新的估计参数的增加使载波方程中的接收机钟差失去了基准，从而影响载波钟差和模糊度参数的估计。因此，对于一组卫星，将高度角最高的卫星对应的模糊度设定为基准(在一个连续观测弧段内，固定到某一确定的值)，从而实现了接收机载波钟差的估计。进一步分析时，此处估计的接收机载波钟差不再是真实的接收机钟误差。它不仅包含真实的接收机钟差和载波硬件延迟时变部分，还包含基准卫星的模糊度基准偏差。此处定义：

$$\begin{cases} \Delta N = N_{\text{real}}^{\text{s}} - N_{\text{ref}}^{\text{s}} \\ dt_{\text{r, L}} = dt'_{\text{r, L}} + \delta b_{\text{r, if}} + \lambda \Delta N/c \end{cases} \quad (5.19)$$

式中：$dt_{\text{r, L}}$ 表示接收机载波钟差；模糊度基准差 ΔN 表示参考星 s 的真实模糊度 $N_{\text{real}}^{\text{s}}$ 与基准值 $N_{\text{ref}}^{\text{s}}$ 之间的差异值；$dt'_{\text{r, L}}$ 表示真实的接收机载波钟差。同样，对于伪距钟差 $dt_{\text{r, P}}$，可表示为：

$$dt_{\text{r, P}} = dt'_{\text{r, P}} + (\delta b_{\text{r, if}} + d_{\text{r, if}} + \delta d_{\text{r, if}})/c \quad (5.20)$$

式中：$dt'_{\text{r, P}}$ 表示真实的接收机伪距钟差；$d_{\text{r, if}}$ 和 $\delta d_{\text{r, if}}$ 表示接收机消电离层组合伪距硬件延迟偏差的常量部分和时变部分。进一步可以得到：

$$\begin{cases} dt_{\text{r, P}} = dt_{\text{r, L}} + d_{\text{r, P}} \\ d_{\text{r, P}} = dt'_{\text{r, P}} + (d_{\text{r, if}} + \delta d_{\text{r, if}})/c - dt'_{\text{r, L}} - \lambda \Delta N/c \end{cases} \quad (5.21)$$

因此，式(5.21)中 $d_{\text{r, P}}$ 为模型中估计的伪距钟差与载波钟差的差异值。估计的伪距硬件延迟偏差包含了码偏差的时变部分，而伪距残差中依然保留了接收机 DCB 的时变部分。这部分 DCB 时变偏差相对于单频上的码偏差变化更加稳定。当接收机码偏差出现较大的波动时，接收机 DCB 的时变部分变化相对更加平稳。而对于可估计的伪距码偏差，吸收了接收机码偏差的时变部分，因此被当作随机参数进行估计。

当引入接收机码偏差参数进行估计时，考虑到模糊度基准的存在，待估的模糊度参数可以表达为：

$$\begin{cases} N_{\text{est}}^{\text{s}} = N_{\text{ref}}^{\text{s}} \\ N_{\text{est}}^{i} = N_{\text{real}}^{i} - \Delta N, \ i \neq s \end{cases} \quad (5.22)$$

式中：$N_{\text{est}}^{\text{s}}$ 和 N_{est}^{i} 分别表示参考卫星 s 和其他卫星 i 对应的模糊度估计值。需要说明的是，参考卫星 s 的模糊度估计值被固定到基准值上。

在改进的非组合模型(modified uncombined PPP, M-UPPP)中，仅将模糊度中的接收机码偏差分离出去，对于新的模糊度估计值，依然适用原有的模糊度固定策略。

5.4　算例与分析

　　为了确定接收机码偏差的变化及其对定位的影响，本节首先分析了接收机码偏差的变化及在电离层延迟估计中的影响。其次，通过单个测站进行标准非组合 PPP 模型与改进模型静态和动态定位结果的比较，并通过改进非组合 PPP 模型重新估计电离层延迟，分析其电离层延迟估计的精度。最后，通过大量实验结果验证了改进非组合 PPP 模型的提升效果。

5.4.1　接收机码偏差变化分析

　　因为接收机码偏差总是与伪距多路径、观测噪声及电离层延迟耦合在一起，因此，需要首先确定表现出的接收机码偏差变化是否主要由电离层异常或者多路径异常造成。下面通过一组短基线数据，从包含接收机码偏差的电离层延迟中观测到这种异常变化，然后通过对观测数据多路径、信噪比及电离层活跃指数进行分析，确定这种异常变化是由接收机本身设备系统引起的偏差。

5.4.1.1　数据选择

　　为了评估接收机码偏差的变化，将 TSKB 和 TSK2 两个 IGS 测站的数据通过 CCL 和非组合 PPP 两种方法进行电离层延迟观测值的提取。其测站信息见表 5.1。通过短基线的站间单差电离层观测值分析接收机码偏差的相对变化。同时这 2 个测站的数据也被用来分析无几何观测值和消电离层组合观测值的伪距多路径效应。为了避免严重电离层扰动的影响，导致非组合 PPP 估计的电离层延迟信息误差过大，地磁活动 Dst 指数和 Kp 指数被用来表明采集数据期间的电离层活动情况。在图 5.1 中，Dst 指数最大绝对值小于 16 nT，且 Kp 指数最大值小于 2。因此，可以证明，在本节数据采集期间，电离层活动处于相对平静时期。

表 5.1　短基线 TSKB 和 TSK2 的信息

测站	位置	长度/m	接收机类型	天线类型	天线其他信息
TSKB	36.105°S,	36.2	TRIMBLE	AOAD/M_T	球形天线罩
TSK2	140.087°E		NETR9	TRM59800.00	无

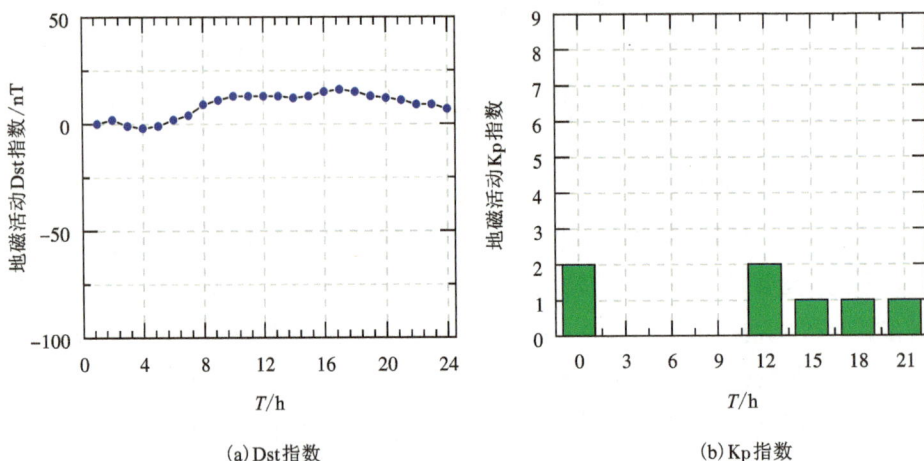

(a) Dst指数　　　　　　　　(b) Kp指数

图 5.1　2017 年 4 月 10 日地磁活动 Dst 指数和 Kp 指数序列

5.4.1.2　接收机码偏差变化

对于 TSKB 和 TSK2 两个测站的数据，分别通过 CCL 方法和非组合 PPP 方法进行电离层观测值的提取。对于非组合 PPP 解，进一步根据模糊度是否固定分为模糊度浮点解和模糊度固定解。在图 5.2 中，接收机间码偏差变化 BR-DCB 分别采用三种方法进行估计。为了便于标识，基于 CCL 方法提取的电离层观测值结果被标记为"CCL"，而基于非组合 PPP 的浮点解和固定解分别标记为"PPP-float"和"PPP-AR"。从图 5.2 中可以看出，CCL 结果中对一颗卫星的连续观测弧段，可以看到明显的接收机码偏差 BR-DCB 变化。在式(5.5)中，每颗卫星的接收机码偏差通过取平均的方式，消除了多路径误差和弧段内的时变部分偏差。在图 5.2 中出现的接收机码偏差变化的具体原因仍然不能确定。在 PPP-float 结果中，同样出现了幅度较大的波动，并且这种波动明显地影响

了模糊度固定,并且导致在波动剧烈时间段内,无法实现模糊度固定解。然而,从图 5.3 可以知道,对于正常情况下的结果,模糊度固定解和浮点解提取电离层观测值都取得了理想的结果。同时,通过对图 5.2 中结果进行分析,并没有表现出明显的周期性变化特征。这种变化趋势与其他文献的研究结果一致,初步的研究表明,其变化与接收机设备质量和周围环境温度密切相关。

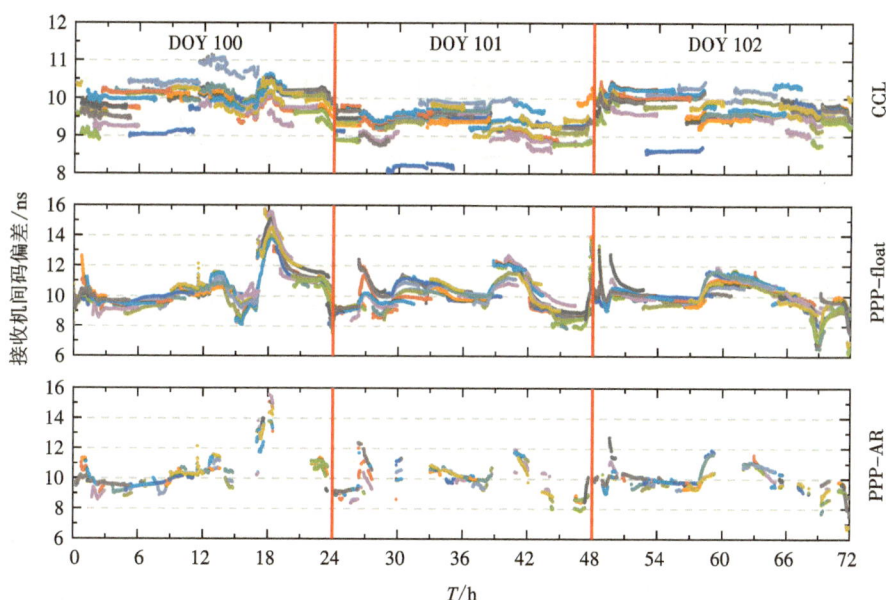

图 5.2　TSKB 与 TSK2 的站间接收机码偏差变化(DOY 100-DOY 102, 2017)

5.4.1.3　多路径分析

在 CCL 方法中,BR-DCB 中已经去除了伪距码偏差的变化。因此,难以确定图 5.2 中 DCB 的变化是否由伪距多路径造成。因为 MW 组合和消电离层组合不受电离层延迟的影响,因此被选择用来计算伪距多路径。

(1)MW 组合伪距多路径。

图 5.4 展示了 G12 卫星三个恒星日周期的 MW 组合的伪距多路径结果。相比于 TSK2 的结果,TSKB 测站 MW 组合的多路径结果出现了较大的波动。这表明,在 TSKB 的伪距多路径中一定包含了一些偏差。从式(5.3)可知,这种

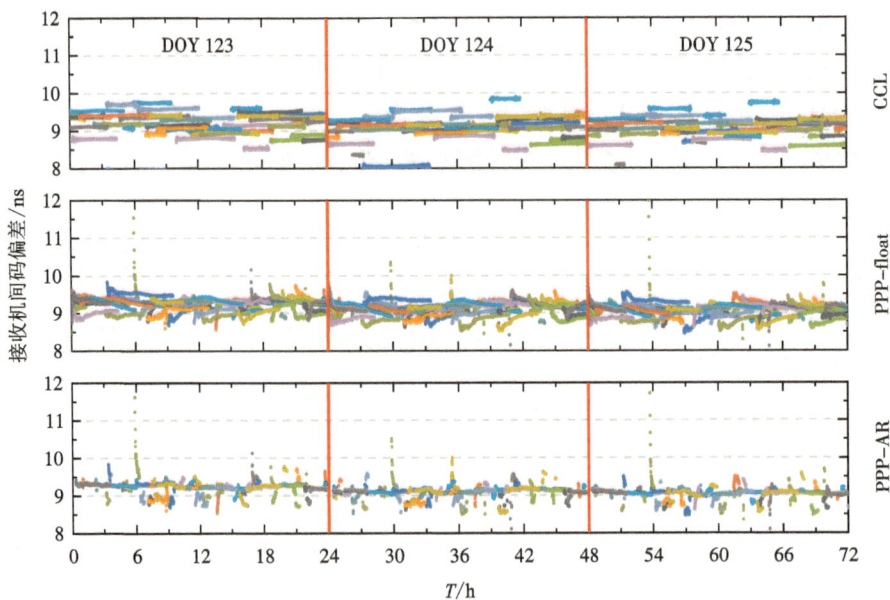

图 5.3　TSKB 与 TSK2 的站间接收机码偏差变化(DOY 123–DOY 125, 2017)

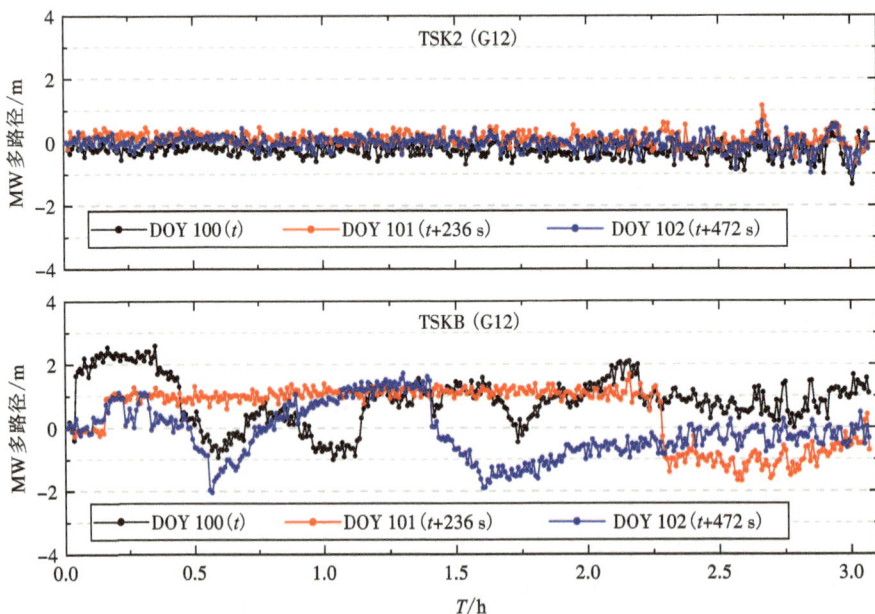

图 5.4　TSKB 和 TSK2 测站 G12 的 MW 组合的多路径(平均值已经移除)

偏差可能是来自接收机的相位和伪距码偏差的时变部分或者伪距多路径。而伪距多路径主要是来自卫星的高度角方向，并且载波的多路径远远小于伪距多路径的影响。因此，对于这两个 IGS 测站来说，其观测条件一般比较理想，并且对于这两个固定测站来说，站星之间的几何构型是按照恒星日不断重复周期性的变化。然而，在图 5.4 中，TSKB 的 MW 组合多路径并没有如 TSK2 测站一样，表现出明显的周期性变化。在图 5.5 中，同一观测时段内多颗卫星的 MW 组合多路径结果表明，这种变化与接收机设备系统强相关。

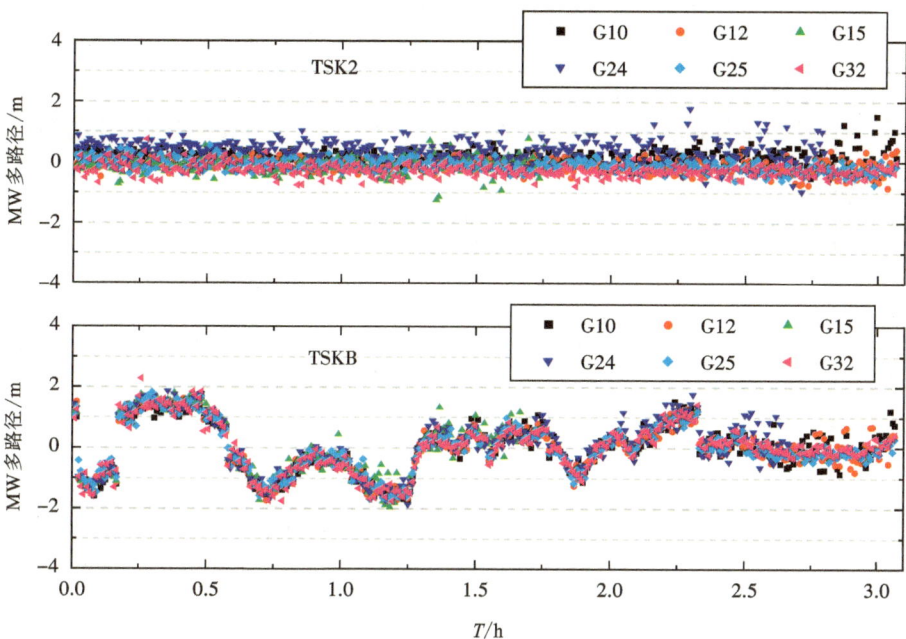

图 5.5　2017 年 4 月 10 日，TSKB 和 TSK2 测站的 MW 组合的多路径(平均值已经移除)

（2）消电离层组合伪距多路径。

在式(5.16)中，改进的新方法主要是分离了模糊度参数中接收机的消电离层组合码偏差。由此，可进一步利用消电离层组合分析多路径和码偏差变化。

图 5.6 展示了 G12 卫星消电离层组合的多路径和码偏差变化。与 MW 结果类似的是，在消电离层组合多路径中，依然存在明显的波动。通过图 5.7 可知，这种变化依然与接收机设备系统强相关。

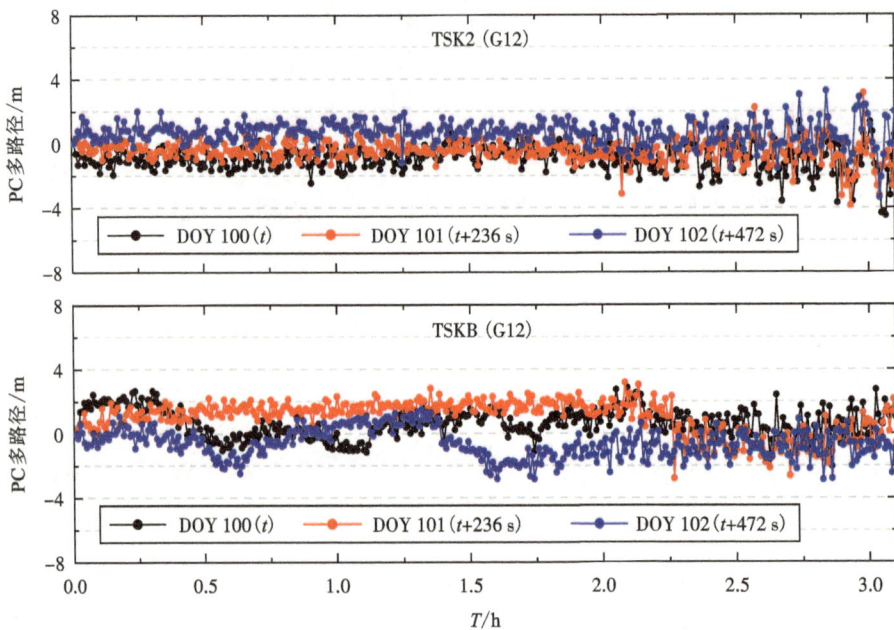

图 5.6 TSKB 和 TSK2 测站 G12 的消电离层组合载波减伪距的多路径(平均值已经移除)

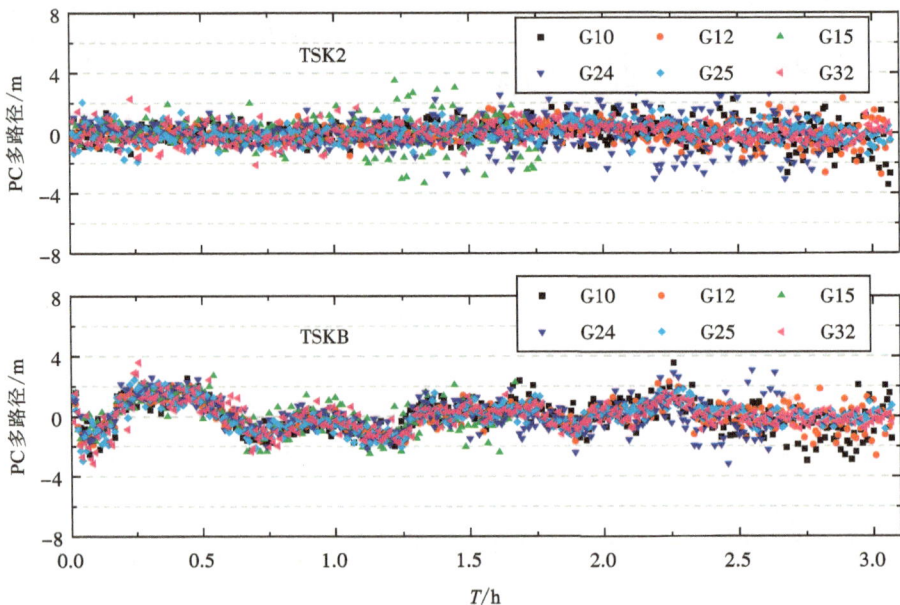

图 5.7 TSKB 和 TSK2 测站消电离层组合载波减伪距观测值的多路径(平均值已经移除)

5.4.1.4　信噪比分析

为了进一步地分析多路径误差的影响,确定上节中存在的波动是否由多路径导致,利用 GPS 观测值的信噪比(signal-to-noise rate, SNR)来分析两个接收机之间的差异。图 5.8(a)显示了 TSKB 与 TSK2 测站 G13 卫星的信噪比以及多项式拟合结果。图 5.8(b)中,去除信噪比的拟合项之后,剩余的信噪比残差展示了多路径造成的影响。从图 5.8(b)中可知,2 个测站之间的多路径没有明显差异。2 个测站组成的短基线仅为 36.2 m,因此可以确认 2 个测站受到同样的多路径影响,两者之间没有明显差异。由此可知,图 5.2 中的 BR-DCB 变化主要由接收机码偏差变化导致。这种 BR-DCB 的变化已经在其他文献中有提及。根据已有的文献,在 2 h 内,这种偏差变化可以达到 9 ns[135]或者 6.5 ns[55]。因此,这种变化的幅度依赖于接收机设备和环境条件。

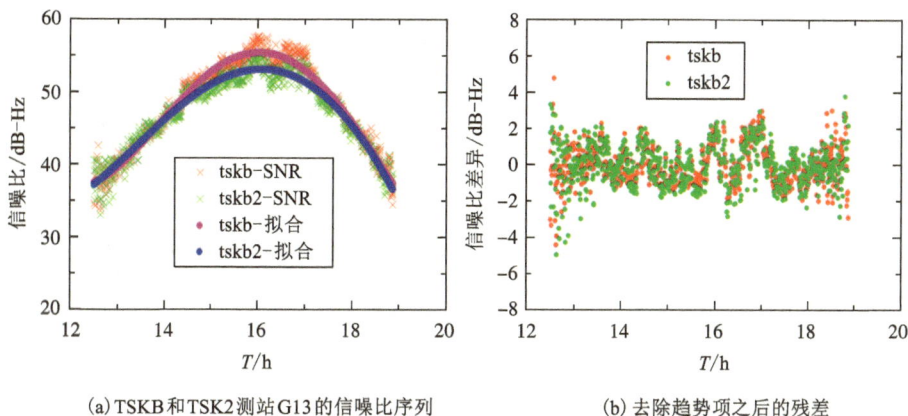

(a)TSKB 和 TSK2 测站 G13 的信噪比序列　　　(b)去除趋势项之后的残差

图 5.8

5.4.2　接收机码偏差变化对单测站的影响

接收机码偏差的时变部分作为非模型误差被伪距残差吸收,并且对模糊度估计精度产生了影响。TSKB 测站表现出了接收机码偏差明显的变化。因此,TSKB 测站的数据通过标准非组合 PPP 模型(standard uncombined PPP, S-UPPP)和改进型非组合 PPP 模型(M-UPPP)进行处理,进而分析接收机码偏差变化对定位及模糊度固定的影响。

5.4.2.1　观测值残差分析

在 S-UPPP 模型中，接收机钟差基准由伪距观测值确定，而其精度取决于载波观测值。然而，在这一模型中，模糊度参数和钟差参数吸收了接收机码偏差常量部分，而对于接收机码偏差的时变部分却无法进行模型化处理。这一模型在接收机码偏差变化较小的情况下会取得比较理想的结果，但是在接收机码偏差出现大的波动时，伪距残差吸收过大的接收机码偏差时变部分，导致模型参数估计值的精度受到影响。图 5.9 展示了 TSKB 测站 S-UPPP 模型的伪距和载波残差分布。

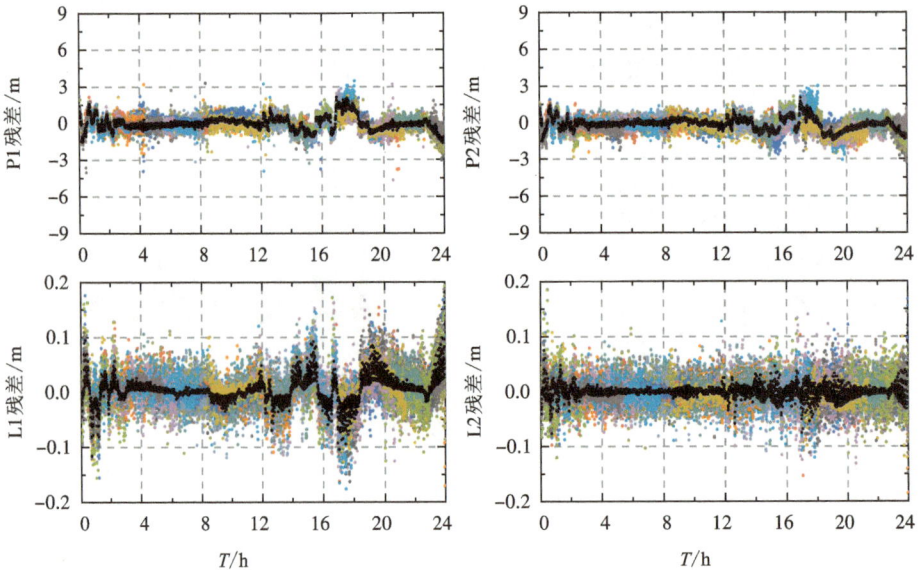

图 5.9　TSKB 测站 S-UPPP 模型的伪距和载波残差分布

在 S-UPPP 模型中，伪距和载波残差序列出现明显的波动，不再符合高斯白噪声的分布特性。这说明在伪距残差中，明显包含了非模型化的系统误差。同时，16~20 h 的载波残差出现了明显的异常。在 M-UPPP 模型中，通过额外估计接收机的码偏差变化改进了非组合模型参数估计精度。图 5.10 表明，新的模型明显地提高了参数估计的精度，残差分布更加理想。

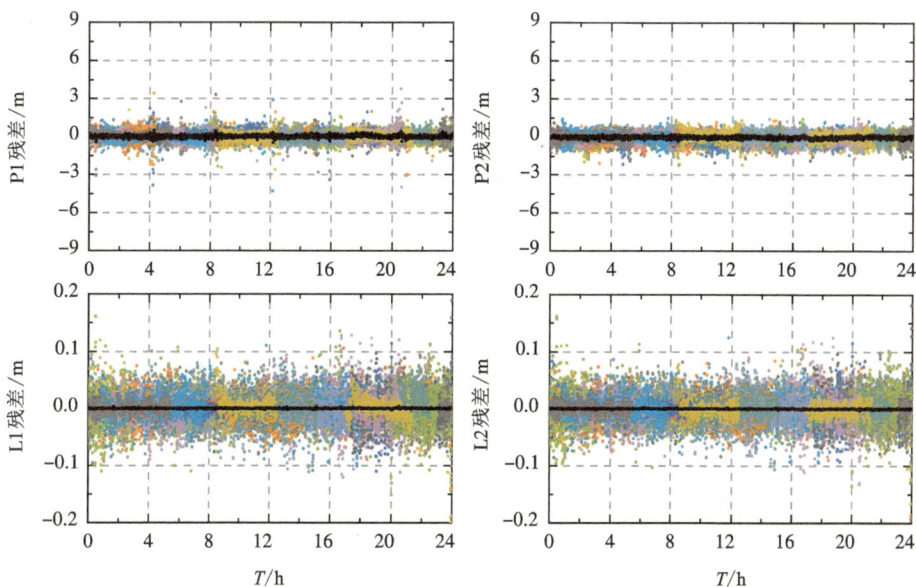

图 5.10　TSKB 测站 M-UPPP 模型的伪距和载波残差分布

在 M-UPPP 模型中，无电离层组合的接收机码偏差被直接估计。图 5.11 展示了 TSKB 测站估计的接收机码偏差变化，可以看到，短时间接收机消电离层组合码偏差的变化可以达到 4.8 m（约 16 ns）。同时，估计得到的码偏差变化趋势与 S-UPPP 模型中的伪距残差分布一致。

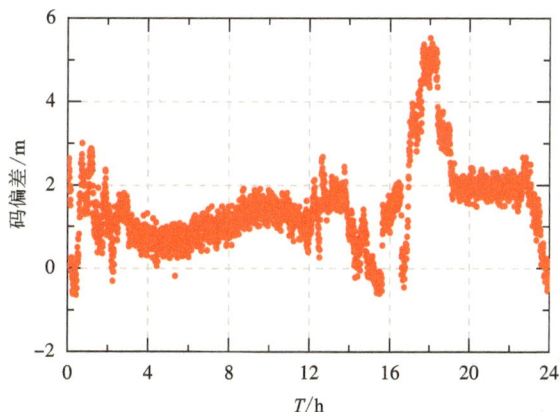

图 5.11　TSKB 测站 M-UPPP 模型估计的接收机码偏差序列

5.4.2.2 定位结果分析

将接收机码偏差从模糊度参数中分离，必然会提高模糊度的估计精度。如图 5.12 所示，相比于 S-UPPP 方法，M-UPPP 估计得到的模糊度参数更加稳定，尤其是在初始收敛阶段，更加平稳的模糊度估计值有利于进行模糊度的固定。

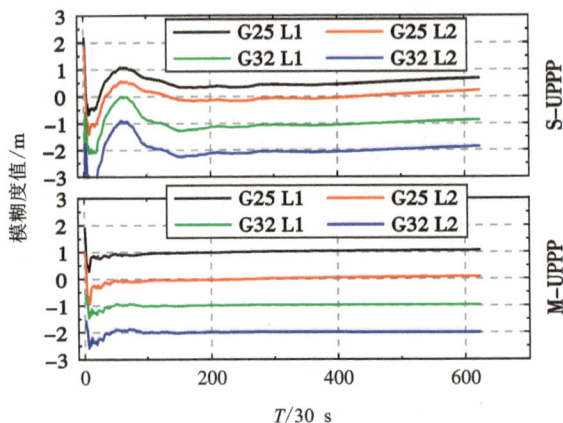

图 5.12　TSKB 测站 G25 和 G32 卫星的模糊度序列

图 5.13 给出了 TSKB 测站在静态模式下，S-UPPP 和 M-UPPP 两种方法的定位浮点解和固定解。M-UPPP 模型将浮点解三维精度从 2.99 cm 提高到 0.79 cm，提高了 73.6%。而对于固定解来说，三维精度从 3.17 cm 提高到 0.85 cm，提高 73.2%。对于东方向和北方向来说，M-UPPP 方法消除了明显的定位偏差。

静态定位结果可以证明，接收机码偏差的变化对非组合定位精度产生了明显的影响。这些影响同样也在动态定位结果中被发现。如图 5.14 所示，M-UPPP 定位结果明显地改善了动态定位的结果。相比于静态结果，接收机码偏差变化对于动态定位的影响远远大于对静态定位结果的影响；同时也发现，动态定位结果的异常与较大的接收机码偏差变化的时刻保持一致，在 16~20 h，最大定位误差达到 3.9 m。

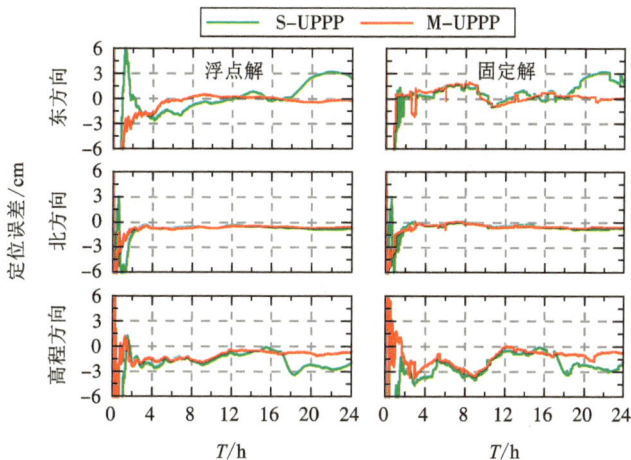

图 5.13　TSKB 测站 S–UPPP 和 M–UPPP

模型静态定位的浮点解和固定解结果

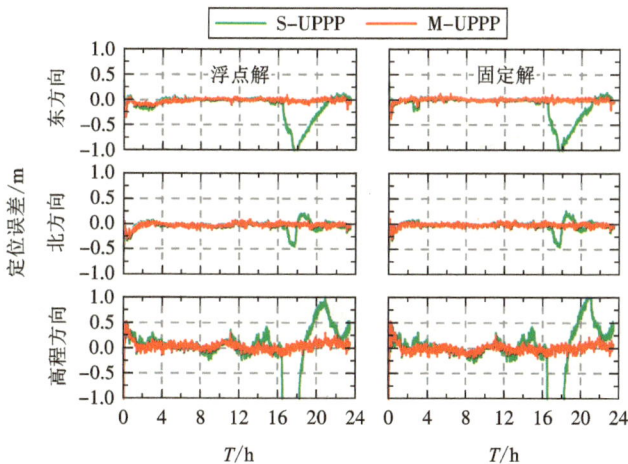

图 5.14　TSKB 测站 S–UPPP 和 M–UPPP

模型动态定位的浮点解和固定解结果

5.4.3 电离层延迟估计结果

通过以上分析，用 S-UPPP 模型提取的电离层延迟观测值的精度将会受到接收机码偏差时变部分的影响。通过将接收机码偏差从模糊度中分离，提高了模糊度的估计精度，也必然将提高电离层延迟参数的估计精度。图 5.15 给出了利用 M-UPPP 方法重新提取电离层观测值的结果。尽管电离层观测值中保留了接收机相位偏差变化部分，但是其相对伪距码偏差来说较小，对于电离层延迟估计的影响较小，也不会影响模糊度固定的结果。

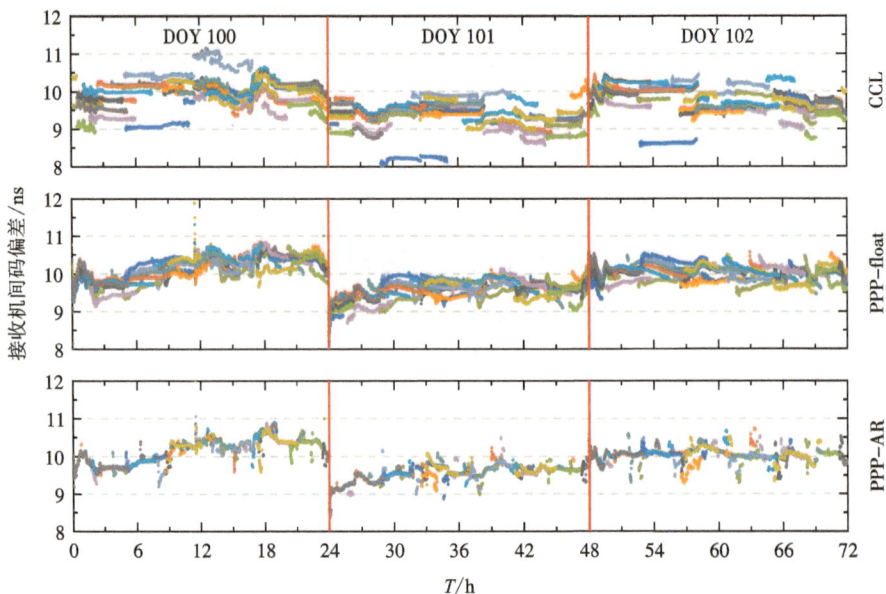

图 5.15 基于 M-UPPP 的 TSKB 与 TSK2 短基线 BR-DCB 结果

5.4.4 改进模型的定位性能分析

为了进一步评估接收机码偏差在定位方面的影响，基于全球分布的 220 个测站，用 S-UPPP 和 M-UPPP 方法分别进行了浮点解和固定解的解算，每天的观测数据被分为时长 3 h 的 8 个观测时段。对于所有的定位结果，从定位精度、收敛时间和模糊度固定成功率三个方面进行了统计分析。IGS 的最终卫星精密轨道和钟差产品用于 PPP 处理。同时，卫星的 DCB 产品也被用来改正卫星端的码偏差影响。特别注意的是，本实验没有附加额外的电离层先验改正信息。

通过静态和动态定位结果中的定位精度、收敛时间和模糊度固定成功率分析，比较了标准非组合 PPP 模型和改进模型之间的性能差异，验证改进模型的提升效果。

5.4.4.1　静态定位结果分析

（1）定位精度和收敛时间分析。

图 5.16 中，通过对 1760 个观测时段定位结果的统计，给出了 S-UPPP 和 M-UPPP 模型在三维（3D）方向上的定位精度。两种方法的模糊度固定解相比于浮点解都有显著的提升。相比于 S-UPPP 模型，M-UPPP 模型在浮点解和固定解上的提升都比较明显，具体的精度比较见表 5.2。对于固定解来说，M-UPPP 模型将三维定位精度从 1.77 cm 提升到 1.45 cm。

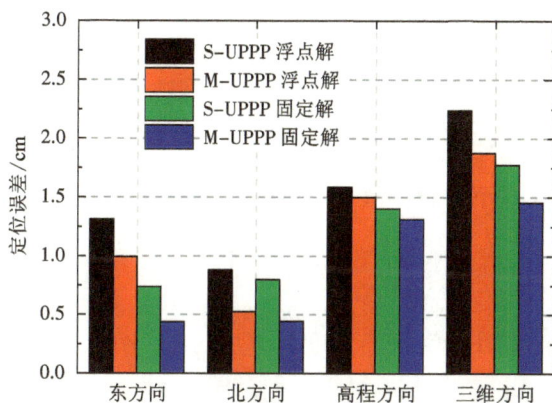

图 5.16　S-UPPP 和 M-UPPP 3 h 静态定位结果

表 5.2　S-UPPP 和 M-UPPP 的平均定位精度统计

模型	浮点解/cm				固定解/cm			
	E	N	U	3D	E	N	U	3D
S-UPPP	1.31	0.88	1.58	2.24	0.74	0.80	1.40	1.77
M-UPPP	0.99	0.53	1.50	1.87	0.44	0.44	1.31	1.45

图 5.17 中，在 95%和 68%的置信水平下，对 S–UPPP 和 M–UPPP 模型的静态定位结果进行分析。相比于浮点解，模糊度固定解的精度一直具有较大的优势，特别是在定位精度收敛的初始阶段，M–UPPP 模型对于水平方向的改进更加明显。并且，M–UPPP 方法明显促进了模糊度固定解的快速实现。

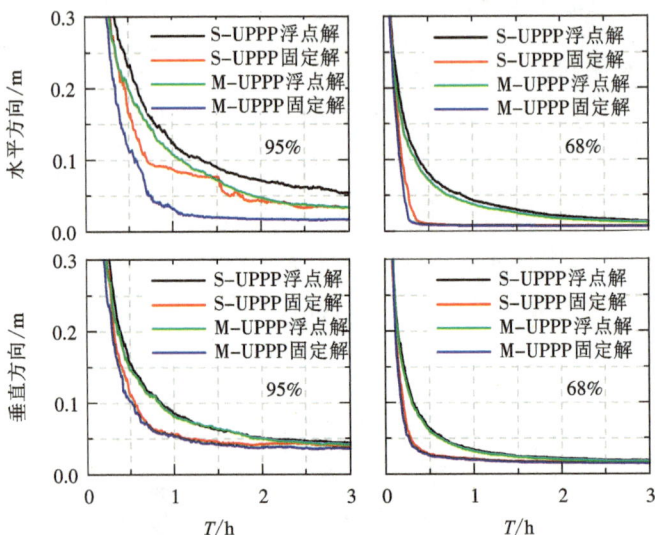

图 5.17　S–UPPP 和 M–UPPP 95%和 68%置信水平下的静态定位结果

（2）模糊度固定成功率分析。

此处依然采用统计意义的模糊度固定成功率，图 5.18 表明，M–UPPP 模型相对于 S–UPPP 模型的模糊度固定成功率有轻微的提高。在表 5.3 中，M–UPPP 模型在收敛时间方面有明显的提高。此处，在收敛时间定义中，静态定位的精度阈值为三维精度小于 10 cm，而对于动态定位是 20 cm。S–UPPP 模型的固定解收敛时间在 95%和 68%的置信水平下分别是 90 min、17 min，对于 M–UPPP 模型，这一收敛时间分别是 43 min、14 min。对于浮点解，在 95%和 68%的置信水平下，S–UPPP 模型的收敛时间分别是 111 min、36 min，M–UPPP 模型的收敛时间是 81.5 min 和 31 min。可见，M–UPPP 模型明显提高了静态定位精度，减少了收敛时间。

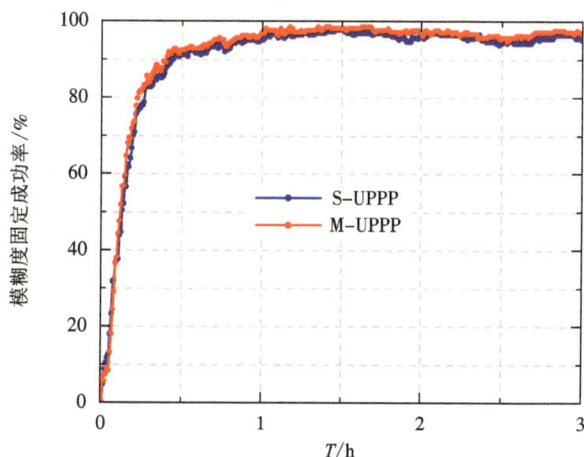

图 5.18　S-UPPP 和 M-UPPP 静态定位中的模糊度固定成功率

表 5.3　S-UPPP 和 M-UPPP 静态定位的收敛时间

置信水平	解类型	S-UPPP/min	M-UPPP/min	提高/%
95%	浮点解	111	81.5	26.6
	固定解	90	43	52.2
68%	浮点解	36	31	13.9
	固定解	17	14	17.7

5.4.4.2　动态定位结果分析

与静态定位结果类似的动态定位结果也展示在图 5.19 中。在动态定位中，M-UPPP 模型相对于水平方向的提升比高程方向更加明显。图 5.20 中，对于模糊度固定成功率，M-UPPP 模型相比于 S-UPPP 模型仅有轻微的提升。表 5.4 列出了动态模式下不同模型的收敛时间。对于固定解，在 95% 和 68% 的置信水平下，S-UPPP 模型的收敛时间分别是 70.5 min、20 min，对于 M-UPPP 模型，收敛时间分别是 55 min、16 min。对于浮点解，在 95% 和 68% 的置信水平下，S-UPPP 模型的收敛时间分别是 89.5 min、34.5 min，而 M-UPPP 模型

收敛时间分别是 77 min、28 min。同样地，M-UPPP 模型也明显地提高了动态
定位结果的精度，减少了收敛时间。

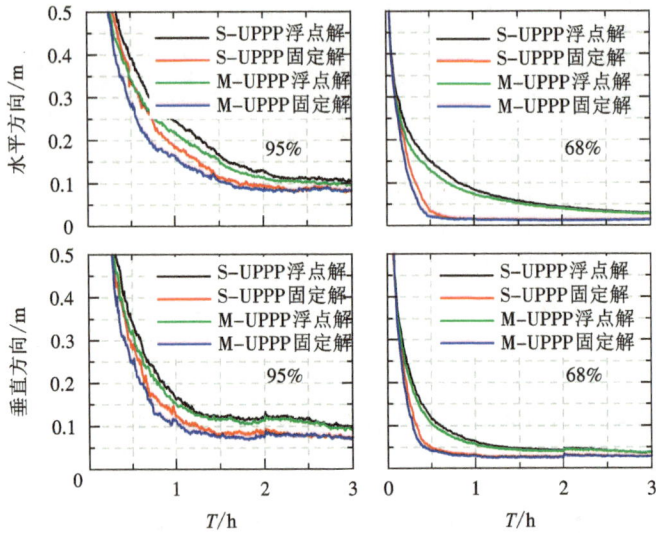

图 5.19 S-UPPP 和 M-UPPP 95%和 68%置信水平下的动态定位结果

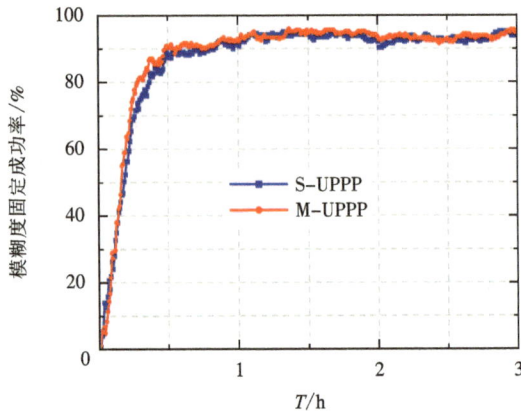

图 5.20 S-UPPP 和 M-UPPP 在动态定位中的模糊度固定成功率

表 5.4　S-UPPP 和 M-UPPP 动态定位的收敛时间

置信水平	解类型	S-UPPP/min	M-UPPP/min	提高/%
95%	浮点解	89.5	77	13.97
	固定解	70.5	55.5	21.28
68%	浮点解	34.5	28	18.84
	固定解	20	16	20.00

5.4.5　本节小结

通过短基线的数据分析，证明了接收机码偏差发生了异常变化，且与测站多路径和电离层延迟变化无关。这种与接收机设备系统相关的异常变化严重影响了非组合 PPP 定位精度及模糊度固定的效果。通过改进非组合 PPP 模型，估计接收机载波相位钟差和伪距接收机码偏差参数，提升了新模型定位效果，减少了收敛时间。这种改进模型对于静态和动态定位都有显著提升。

5.5　本章小结

本章针对接收机码偏差变化，分析了其对非组合 PPP 定位及模糊度固定的影响。大量的实验表明，部分接收机的码偏差在短时间内发生剧烈变化，严重影响了定位精度和模糊度固定的效果。因此，本章提出估计接收机码载波钟差和伪距码偏差参数的非组合 PPP 模型，得到以下主要结论：

（1）通过定位实验，确定接收机码偏差对测站静态定位和动态定位的显著影响，并严重降低了模糊度固定成功率。基于观测值的残差分析，在 2 h 内，接收机码偏差的显著波动可以达到 16 ns。这些非模型化的误差严重影响了定位结果精度。

（2）通过改进现有非组合 PPP 模型，减弱接收机码偏差对位置参数和模糊度参数估计的影响，实现高精度定位且提高模糊度固定成功率。改进模型中，将接收机钟差参数与模糊度参数解耦，使接收机码偏差与模糊度参数实现分离，从而消除其对模糊度参数估计的影响。在改进的非组合 PPP 模型中，估计的模糊度浮点解更加稳定，显著改善了在接收机码偏差波动期的定位结果。

（3）基于标准的非组合 PPP 模型和改进的非组合 PPP 模型，本章进行了大量数据实验，从定位精度、收敛时间和模糊度固定等方面对 2 个模型的静态和动态结果进行了评估。通过对 IGS 监测网中测站的数据处理分析，改进的非组合 PPP 模型浮点解和固定解的收敛时间分别是 31 min 和 14 min，而对于标准的非组合 PPP 模型是 36 min 和 17 min。在加快精度收敛的同时，改进模型的模糊度固定成功率也有所提高。新模型不仅在静态结果中改进效果显著，在动态解中同样也改善明显。

第 6 章

基于模糊度固定的电离层延迟估计

传统 PPP 技术通过消电离层组合观测值消除电离层延迟一阶项，而非组合 PPP 模型利用原始观测数据直接估计每颗卫星电离层延迟信息。相比利用伪距和载波无几何观测值提取电离层观测值，非组合 PPP 显著提高了电离层延迟的提取精度。基于非组合模糊度固定解，电离层观测值的提取精度得到进一步提高，这有利于电离层区域建模或者全球建模，同时可提高卫星 DCB 的估计精度。本章基于相位无几何观测值，非组合 PPP 浮点解和固定解分别提取电离层观测值，用于电离层的全球建模和卫星 DCB 的估计，从而验证了非组合 PPP 模糊度固定解提高电离层观测值估计精度的优势。

6.1 引言

电离层延迟误差是 GNSS 导航定位数据处理中重要的误差项之一[136-139]。在太阳正常活跃程度下，电离层延迟的大小可为几十米，但是，当电离层发生闪烁时，其误差距离可以超过 100 m。在过去的二十几年，IGS 工作组已经将全球电离层改正产品的估计作为常规事务之一[130]。为了利用 GNSS 数据建立全球电离层模型，提取电离层观测值是首要任务[51, 55, 140]。由于电离层延迟与频率相关，电离层观测值的提取必然包含了接收机和卫星的 DCB 偏差[56, 131]。因此，DCB 精度必然影响着真实的绝对电离层总电子含量 TEC（total electron content）、定位与授时的估计精度。CODE 分析中心利用载波平滑伪距的无几何观测值提取电离层延迟，建立全球电离层模型[141]。此 CCL 方法利用平滑滤波减弱伪距观测噪声影响，从而解决载波无几何观测值的模糊度问题。然而，由于受观测弧段时长、多路径和接收机码偏差变化的影响，较大的平滑误差降低了电离层观测值的提取精度[56, 133, 142]。

由于非组合 PPP 模型参数估计精度较高，电离层延迟信息可以直接在 PPP 模型中进行估计[57, 143]，有效地避免了 CCL 方法中的平滑误差[48]。基于浮点解的非组合 PPP 方法在实时应用中实现了 1~2 TECU 的电离层估计精度和 0.4 ns 的 DCB 估计精度。相比于卫星，接收机的 DCB 并不稳定，某些测站间的电离层平滑误差表现出明显的波动[55, 57, 134, 135]。这些 DCB 波动可能是由环境温度变化导致的[134]。因此，提高电离层观测值的提取精度也更加有利于接收机 DCB 稳定的分析，这一应用已经在第 5 章进行了初步的分析。

因此，基于非组合 PPP 模糊度固定解提取的高精度电离层观测值可以用于接收机 DCB 稳定性的分析、电离层模型的估计以及卫星 DCB 的估计。

6.2 电离层延迟估计

6.2.1 无几何载波观测值估计电离层延迟

为了消除 GNSS 观测方程中与频率相关的项从而提取电离层延迟项，利用伪距和载波的无几何观测值进行处理。因此，对于伪距和相位无几何观测值有：

$$\begin{cases} P^s_{r,4}=P^s_{r,1}-P^s_{r,2}=(\gamma_2-1)I_1+\text{DCB}^s-\text{DCB}_r+\varepsilon_{P_4} \\ L^s_{r,4}=L^s_{r,1}-L^s_{r,2}=(\gamma_2-1)I_1+(\lambda_1 N_1-\lambda_2 N_2)+\text{DPB}^s-\text{DPB}_r+\varepsilon_{L_4} \end{cases} \tag{6.1}$$

式中：$P^s_{r,4}$ 和 $L^s_{r,4}$ 分别表示伪距和载波无几何观测值；$\text{DCB}_r=d_{r,1}-d_{r,2}$ 和 $\text{DCB}^s=d^s_1-d^s_2$ 表示接收机和卫星端的伪距差分码偏差 DCB；$\text{DPB}_r=b_{r,1}-b_{r,2}$ 和 $\text{DPB}^s=b^s_1-b^s_2$ 表示接收机端和卫星端的载波差分相位偏差。

在 CCL 方法中，相位无几何观测值需要消除模糊度的影响。因此，通过将伪距和载波无几何观测值相减取平均获取无几何模糊度，然后消除载波无几何观测值中的模糊度项。因此，基于载波无几何模糊度的相位平滑伪距电离层观测值表示为：

$$L_{CCL} = L_4 - \langle L_4 - P_4 \rangle_{arc} = (\gamma_2 - 1) I_1 + (DCB^s - DCB_r) + \langle \varepsilon_{P_4} \rangle \qquad (6.2)$$

式中：L_{CCL} 表示电离层观测值；$\langle L_4 - P_4 \rangle_{arc} = \sum_{j=1}^{n} w_j (L_{r,4}^{s,j} - P_{r,4}^{s,j}) / \sum_{j=1}^{n} w_j$，其中 w_j 是观测值以高度角为依据的权重，以此减弱低高度角的观测噪声和多路径的影响。

6.2.2　非组合 PPP 模型估计电离层延迟

在非组合模型中，电离层延迟信息被作为未知参数进行估计。其中，电离层参数中包含倾斜电离层延迟、接收机和卫星端的 DCB。

$$\begin{cases} P_{r,f}^s = \rho + c(\tilde{dt}_r - \tilde{dt}^s) + T + \gamma_f \tilde{I}_1 + \varepsilon_{P,f} \\ L_{r,f}^s = \rho + c(\tilde{dt}_r - \tilde{dt}^s) + T - \gamma_f \tilde{I}_1 + \lambda_f \tilde{N}_f + \varepsilon_{L,f} \end{cases} \qquad (6.3)$$

因此，无附加电离层先验约束的非组合模型是一种获取电离层延迟观测值的有效方法，可作为电离层建模的输入信息，并且避免了 CCL 中水平平滑滤波的误差影响。然而，电离层观测值估计的精度主要取决于模糊度的精度。因此，如果要获取精度更高的电离层估计值，模糊度固定解一定会进一步提高电离层延迟估计的精度。

在第 3 章中，基于非组合 PPP 方法估计相位偏差的方法已经被清楚地分析。当相位偏差 FCB 已经被估计，并应用到估计电离层的参考网 PPP 处理中，可获得基于固定解的电离层延迟。其估计得到的电离层参数具体内容为：

$$L_{UPPP} = \tilde{I}_1 = I_1 + \frac{1}{\gamma_2 - 1} (DCB_r - DCB^s) \qquad (6.4)$$

6.3　电离层延迟估计比较

非组合 PPP 模型在提取电离层延迟方面具有较大的优势，通过 CCL 方法、PPP 浮点解和固定解方法分别提取了短基线或零基线测站的电离层延迟。将测站间单差电离层延迟的一致性，作为电离层延迟估计精度的评估标准。通过实测数据分析不同方法估计电离层延迟的精度，同时利用单差电离层延迟探究了站间接收机码偏差变化的稳定性。

6.3.1 电离层延迟估计精度

对于提取到的电离层观测值，其必然包含接收机端的 DCB 偏差，如果不改正卫星端的 DCB，其也被包含在内。因此，可通过对短基线或者零基线中的两个测站提取的电离层观测值进行站间单差操作来消除站星之间的倾斜电离层延迟偏差和卫星端的 DCB 偏差，而单差中仅包含两个接收机 DCB 的差分结果。因此，可以用这个单差结果来评价电离层观测值的估计精度和研究接收机 DCB 的短时变化特性。即在 A、B 两个测站间的电离层观测单差解为：

$$d_{\text{leveling}} = \tilde{I}_{1,\,A} - \tilde{I}_{1,\,B} = \frac{1}{\gamma_2 - 1}(\text{DCB}_{r,\,A} - \text{DCB}_{r,\,B}) \qquad (6.5)$$

为了评估从 CCL 方法、UU-PPP 浮点解和 UU-PPP 固定解提取的电离层观测值的精度，利用式(6.5)对所选择的测站进行处理。8 组基线被选择用来进行三种方法的评估，其中包含 CUT0-CUT2、CUT0-CUT3、EIL3-EIL4、KOKB-KOKV 四条零基线和 LCK3-LCK4、YAR3-YARR、GODE-GODN、WTZ3-WTZA 四条短基线。具体的基线和测站信息见表 6.1。在 CCL 方法中，电离层观测值直接通过伪距和载波观测值进行提取。而在 UU-PPP 方法中，电离层延迟信息被作为未知参数直接估计，详细的处理策略在表 6.2 中说明。

表 6.1 基线的详细信息

测站	位置	长度/m	接收机类型	天线类型
CUT0-CUT2	32.00°S, 115.89°E	0	TRIMBLE NETR9	TRM59800.00
EIL3-EIL4	64.68°S, 147.11°W	0	ITT 3750300	TPSCR.G5
CUT0-CUT3	32.00°S, 115.89°E	0	TRIMBLE NETR9、JAVAD TRE_G3TH_8	TRM59800.00
KOKB-KOKV	22.12°N, 159.66°W	0	SEPT POLARX5TR、JAVAD TRE_G3TH	ASH701945G_M

续表6.1

测站	位置	长度/m	接收机类型	天线类型
LCK3- LCK4	26.91°N, 80.95°E 26.91°N, 80.95°E	4.487	LEICA GRX1200GNSS	LEIAR25.R3
YAR3- YARR	29.04°S, 115.34°E 29.04°S, 115.34°E	20.210	SEPT POLARX5	LEIAR25、 LEIAT504
GODE- GODN	39.02°N, 76.82°W 39.02°N, 76.82°W	65.160	SEPT POLARX5TR、 JAVAD TRE_3	AOAD/M_T、 TPSCR.G3
WTZ3- WTZA	49.145°N, 12.879°E 49.144°N, 12.879°E	65.669	JAVAD TRE_G3TH、 SEPT POLARX2	LEIAR25.R3、 ASH700936C_M

表 6.2　UU-PPP 模型提取电离层观测值的解算策略

选项	处理方法
数据	2017 年 4 月 10 日至 16 日
观测值信号	GPS：L1/L2；P1/P2
采样间隔	30 s
截止高度角	PPP：7°。电离层建模：15°
卫星轨道和钟差	IGS 精密卫星轨道和钟差改正数
对流层延迟	湿延迟估计为随机游走过程
电离层延迟	白噪声估计
卫星和接收机 PCO、PCV	IGS08.atx
测站坐标	固定到 IGS 的 SINEX 坐标
接收机钟差	白噪声估计
模糊度	常量估计，经过 FCB 改正之后，利用 LAMBDA 固定
其他	相对论效应延迟、sagnac 效应、相位缠绕改正和地球负载位移偏差等利用标准模型改正

在零基线中，CUT0-CUT2 和 EIL3-EIL4 中两测站装配相同的接收机类型，CUT0-CUT3 和 KOKB-KOKV 中两测站装配不同接收机类型。在短基线中，LCK3-LCK4 中两测站装配相同的接收机和天线类型，而 YAR3-YARR 中两测站装配相同的接收机类型和不同的天线类型，GODE-GODN 和 WTZ3-WTZA 中两测站装配了不同的接收机和天线类型。图 6.1 中，以 CUT0-CUT2 为例，CCL 方法的单差值从 -0.16 ns 变化到 0.9 ns，而对于 PPP 浮点解和固定解，其变化是从 0.2 ns 到 0.55 ns。类似地，对于 YAR3-YARR，CCL 的单差变化从 -1.65 ns 到 -0.53 ns，而对于 PPP 的浮点解和固定解来说，变化从 -1.5 ns 到 -0.97 ns。PPP 方法明显的提高了电离层观测值的精度，消除了 CCL 中水平平滑误差的影响。表 6.3 中，CCL 方法的平均标准差是 0.23 ns，而对于 PPP 的浮点解和固定解则分别是 0.11 ns 和 0.07 ns。与浮点解相比，固定解的平均标准差提高 30.7%。因此，利用 PPP 方法提取电离层观测的精度和一致性更高，极大地消除了平滑误差的影响，而且，模糊度固定解进一步提高了提取的精度。

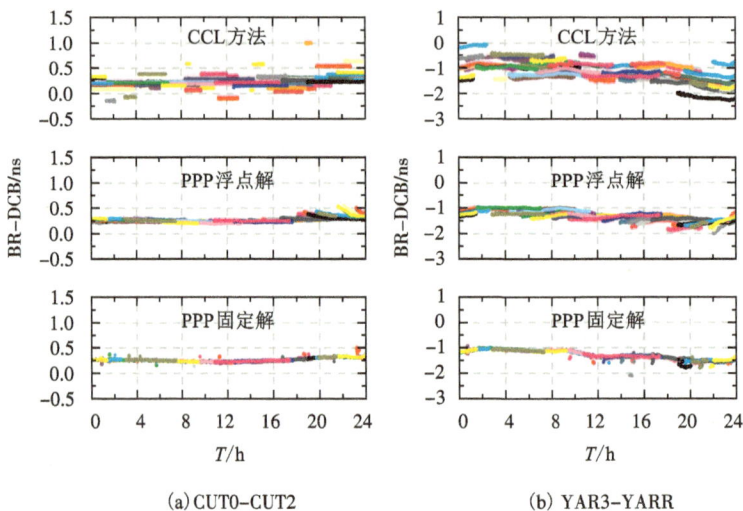

(a) CUT0-CUT2　　　　　　　　(b) YAR3-YARR

图 6.1　电离层观测值的站间单差结果

表 6.3　不同基线的电离层观测值单差结果统计

基线	STD/ns					测站间平均单差值/ns		
	CCL	PPP 浮点解	提高 /%	PPP 固定解	提高 /%	CCL	PPP 浮点解	PPP 固定解
CUT0-CUT2	0.12	0.05	58.2	0.03	72.6	0.23	0.27	0.26
CUT0-CUT3	0.54	0.13	76.7	0.05	91.1	-18.96	-17.77	-17.77
EIL3-EIL4	0.08	0.03	68.3	0.01	84.3	-1.23	-1.25	-1.25
YAR3-YAR4	0.19	0.10	45.6	0.09	53.6	-1.07	-1.15	-1.14
WT3-WTZA	0.30	0.08	74.2	0.04	86.3	16.86	16.16	16.16
KOKB-KOKV	0.33	0.11	65.8	0.09	72.4	-5.93	-4.62	-4.63
LCK3-LCK4	0.13	0.04	69.4	0.02	83.4	0.82	0.84	0.83
GODE-GODN	0.43	0.35	19.7	0.28	36.3	-1.32	-0.86	-0.89

6.3.2　接收机 DCB 短时变化特性分析

从上节可以得知，基于非组合 PPP 提取的电离层观测值具有很高的精度，对单差电离层观测值的变化比 CCL 方法更加敏感。因此，本节比较利用非组合模糊度固定解提取电离层用于接收机 DCB 短时变化的分析。对于 CCL 方法，KOKB-KOKV 基线的平均历元标准差是 0.272 ns，WTZ3-WTZA 的平均历元标准差是 0.311 ns。然而，在 PPP 浮点解中的平均历元标准差分别是 0.067 ns 和 0.068 ns，固定解中是 0.006 ns 和 0.006 ns。模糊度固定解获得了超过 0.01 ns （大约 3 mm）的估计精度，因此可知，基于固定解的 BR-DCB 在单历元内各个卫星之间的一致性最高。这极大地便于探测 BR-DCB 在时间序列上的波动变化。如图 6.2(a) 和图 6.2(d) 所示，CCL 方法极难探测接收机 DCB 的微小变化。而在图 6.2(b) 和图 6.2(e) 中，可以清楚地看到这种趋势，而在图 6.2(c) 和图 6.2(f) 中，这种变化可以被明确估计和分析。在图 6.2(c) 中，BR-DCB 在初始阶段从 -4.68 ns 变化到 -4.76 ns，而后又从 -4.76 ns 变化到 -4.48 ns。在图 6.2(f) 中，BR-DCB 在开始阶段从 16.12 ns 变化到 16.23 ns，然后又变化到 16.07 ns。

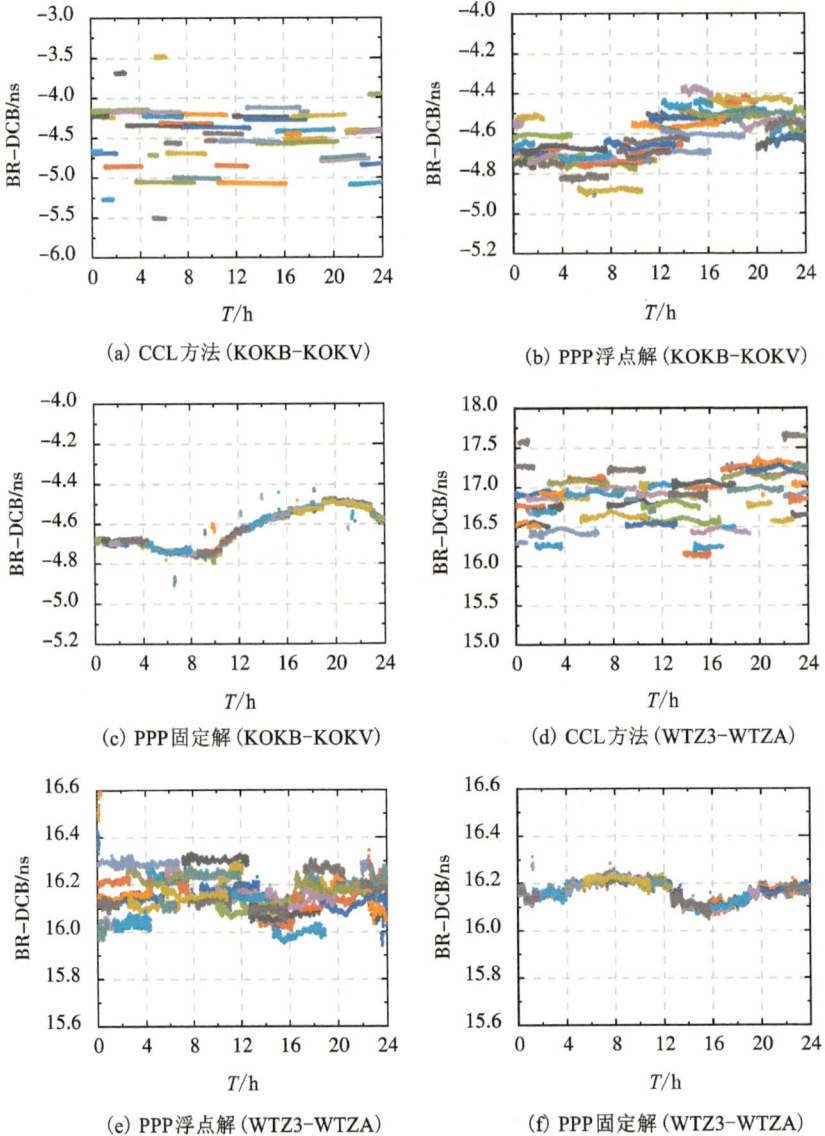

(a) CCL方法（KOKB-KOKV）

(b) PPP浮点解（KOKB-KOKV）

(c) PPP固定解（KOKB-KOKV）

(d) CCL方法（WTZ3-WTZA）

(e) PPP浮点解（WTZ3-WTZA）

(f) PPP固定解（WTZ3-WTZA）

图 6.2　站间单差电离层观测值变化

6.3.3　本节小结

本节主要评估了 CCL 方法、非组合 PPP 浮点解和固定解估计电离层延迟的精度，验证了非组合 PPP 固定解在提升电离层延迟估计精度方面的优势。显然，高精度的电离层延迟有利于研究分析接收机码偏差变化。利用固定解方法提取的电离层延迟，其单差观测值的平均标准差小于 0.07 ns，高精度的电离层观测值可以探测到接收机 DCB 微小的波动变化，为接收机码偏差的研究提供了一种高效方法。

6.4　全球电离层建模精度分析

利用不同方法提取电离层观测值分别进行电离层建模，生成全球电离层格网结果，验证不同精度的电离层观测值对电离层建模的影响。将 IGS 监测网中的 268 个测站 2017 年 4 月 10 日到 16 日这 7 天的数据用来进行电离层建模。为了分析建模的精度，CODE 的最终电离层产品被用来作为参考值进行精度分析。为了便于精度比较，除了电离层观测值的提取方式不同外，电离层建模的参数采用与 CODE 相同的设置，见表 6.4。

表 6.4　不同方法电离层建模的参数设置

方法	数学模型 (degree×order)	观测值	解算时间间隔/h	解算空间分辨率	电离层层数	测站数/个	GNSS
CODE	SH[①](15×15)	SP4[②]	1	2.5°×5.0°	1	300	GPS
CCL	SH[①](15×15)	SP4[②]	2	2.5°×5.0°	1	268	GPS
PPP 浮点解	SH[①](15×15)	FL4(float)[③]	2	2.5°×5.0°	1	268	GPS
PPP 固定解	SH[①](15×15)	FL4(AR)[④]	2	2.5°×5.0°	1	268	GPS

注：① SH 代表球谐函数模型；② SP4 表示无几何载波伪距平滑观测；③ FL4 (float)代表利用 UU-PPP 浮点解估计得到的电离层观测值；④ FL4 (AR)代表基于 UU-PPP 固定解估计的电离层观测值。

测站具体的数据处理流程如图6.3所示。对于CCL方法，电离层观测值利用伪距和载波观测值直接计算得到，而在PPP方法中，电离层观测值直接估计得到。通过利用相位偏差产品实现模糊度固定解，进一步提取到更高精度的电离层观测值。采用这三种不同精度水平的电离层观测值，分别进行电离层的建模处理。

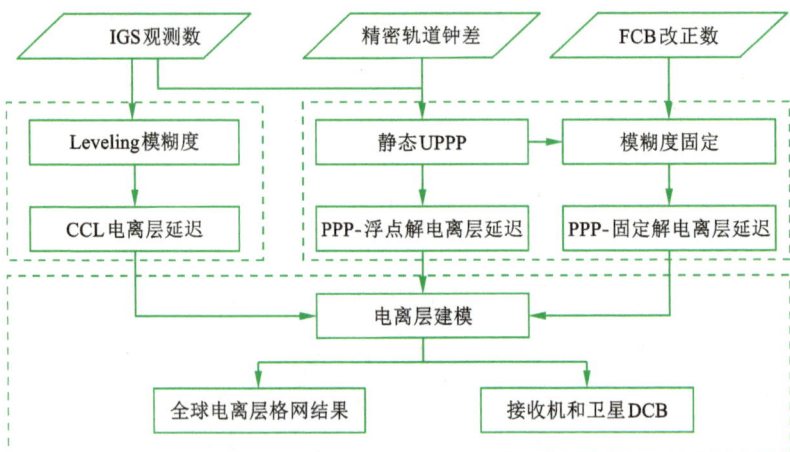

图 6.3 电离层建模数据处理流程

6.4.1 全球电离层模型

对于电离层观测值 L_{ion}，垂直电子含量和接收机、卫星的差分码偏差可以表示为：

$$L_{\mathrm{ion}} = MF \times K \times VTEC(\varphi_{\mathrm{IPP}}, \lambda_{\mathrm{IPP}}) + \frac{1}{\gamma_2 - 1}(\mathrm{DCB_r} - \mathrm{DCB^s}) \tag{6.6}$$

式中：$MF = 1/\cos(z')$ 表示采用改进版的映射函数，这个函数也被 CODE 所采用，z' 是电离层观测值穿刺点（ionospheric pierce points，IPPs）的天顶角；$VTEC$ 表示垂直电子含量，基于 GTSF（general triangle series function）模型和纬度及当地时间；φ_{IPP} 和 λ_{IPP} 表示 IPP 的纬度和经度；$\mathrm{DCB_r}$ 和 $\mathrm{DCB^s}$ 表示接收机和卫星端的DCB；$K = 40.3 \times 10^{16}/f_1^2$ 表示对应的系数。

垂直电子含量可以每 2 h 为一个时段，用球谐函数来表示：

$$\text{VTEC} = \sum_{n=0}^{n_{\max}} \sum_{m=0}^{n} \widetilde{P}_{nm} \sin\left(\varphi_{\text{IPP}}\right)\left[a_{nm}\cos\left(ms\right) + b_{nm}\sin\left(ms\right)\right] \qquad (6.7)$$

式中：$\widetilde{P}_{nm}$ 表示 n 维 m 阶的勒让德级数；a_{nm} 和 b_{nm} 表示球谐函数的未知系数；$n_{\max}$ 表示球谐函数的最大维数；s 是 IPP 日固坐标系的经度。当一个监测网中的所有电离层观测值输入到电离层建模中时，利用式(6.6)，可对所有的球谐函数的系数和接收机、卫星的 DCB 参数用最小二乘估计器进行估计。但是，为了分离接收机和卫星的 DCB，需要增加一个所有卫星 DCB 之和为 0 的约束。

6.4.2　全球电离层建模精度分析

6.4.2.1　电离层建模的内符合精度

此处，选择 2017 年 4 月 10 日的数据结果分析单天电离层估计的精度。图 6.4 中展示了三种方法在不同时刻(00:00，06:00，12:00，20:00)的电离层格网结果。三种产品之间明显的一致性显示，利用非组合 PPP 方法提取的电离层观测值进行全球电离层建模是一种合理可行且更加灵活的方法。

图 6.5 展示了电离层观测值的验后残差分布。根据穿刺点的经纬度位置，一天内所有观测值的残差均展示在一幅图中。根据穿刺点的轨迹分布可以得知，较大的电离层残差分布在低高度角范围内。因为根据电离层建模的单层模型，电离层电子含量主要分布在 450 km 的大气高度。因此，单个测站的观测值所覆盖的空间区域是有限的，对于测站分布较少的地区，数据的缺少影响了建模精度。尽管三种方法的残差分布有微小差异，大部分残差的绝对值小于 5 TECU。进一步统计所有测站的电离层残差分布，图 6.6 表明，在 95% 的置信水平下，模糊度固定解的电离层残差为 2.56 TECU，小于浮点解 2.685 TECU 和 CCL 方法 3.295 TECU。通过比较三者 7 天解的验后残差精度，相比于 CCL 方法，浮点解和固定解分别实现 24.7% 和 27.9% 的提高。表 6.5 显示了三种方法 7 天解的平均残差 RMS，具体每天的残差 RMS 显示在图 6.7 中。

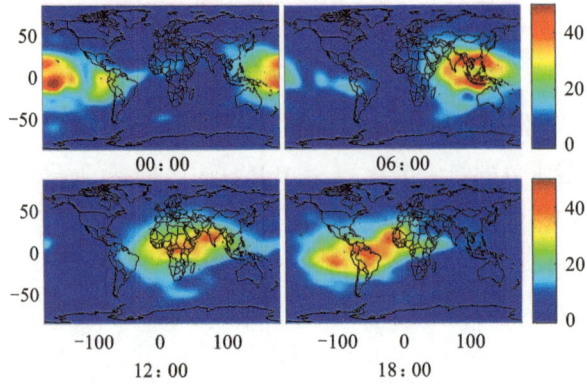

(a) CCL 方法结果

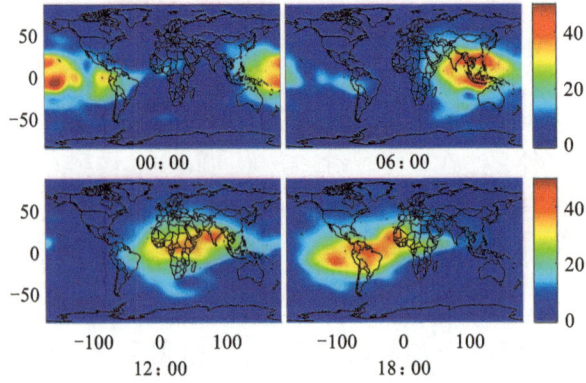

(b) PPP 浮点解方法结果

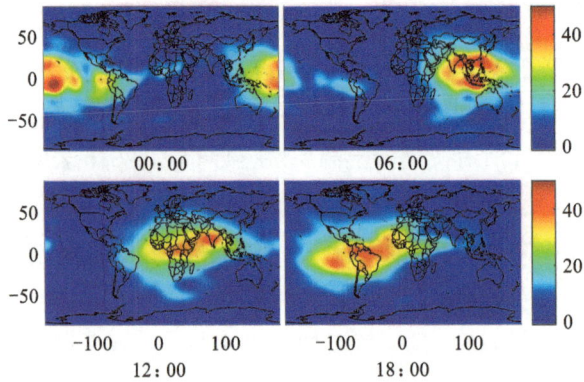

(c) PPP 固定解方法结果

图 6.4　三种方法建模的电离层格网结果

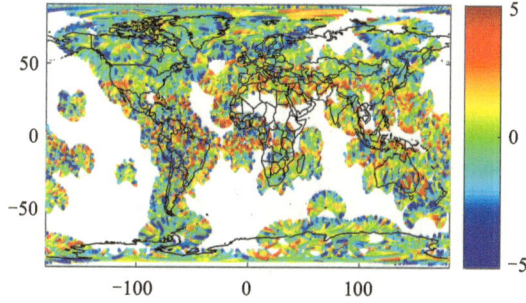

(a)CCL方法结果

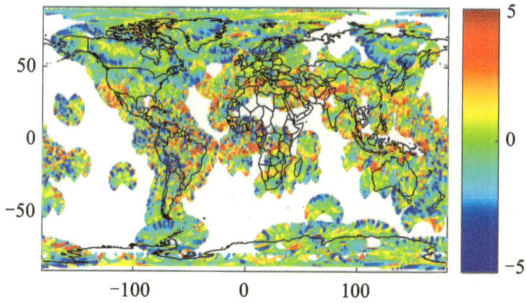

(b)PPP浮点解方法结果

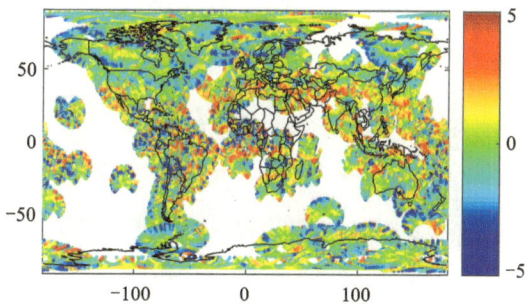

(c)PPP固定解方法结果

图 6.5　三种方法建模的电离层观测值残差

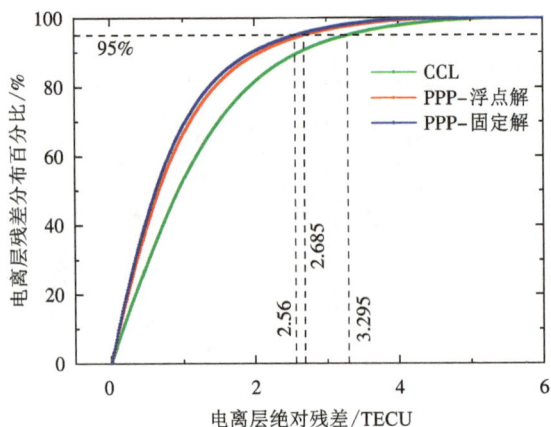

图 6.6   三种方法的电离层观测值残差分布统计

表 6.5   三种方法 7 d 解的平均残差 RMS

	CCL	PPP 浮点解	PPP 固定解
平均 RMS/TECU	0.910	0.685	0.656

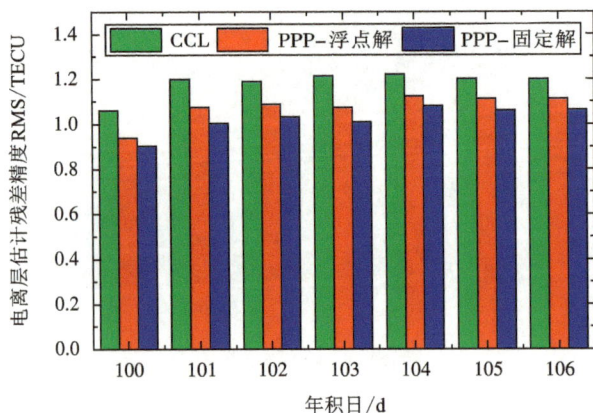

图 6.7   CCL、PPP 浮点解和固定解的每天电离层残差 RMS

　　为进一步分析电离层建模的精度，将电离层观测值的残差按照纬度和经度分别进行统计分析。如图 6.8 所示，在北纬 30° 到南纬 30° 之间的残差分布明显大于其他区域。这表明，电离层活跃程度将会影响电离层观测值的提取和建模精度。此外，南半球的残差分布明显大于北半球。这可能是由于北半球的测站分布明显要多于南半球。而对于经度向上的残差分布，整体分布均衡，没有表现出明显的差异。不论是什么方向上的残差分布，基于固定解的精度明显高于其他两种方法。

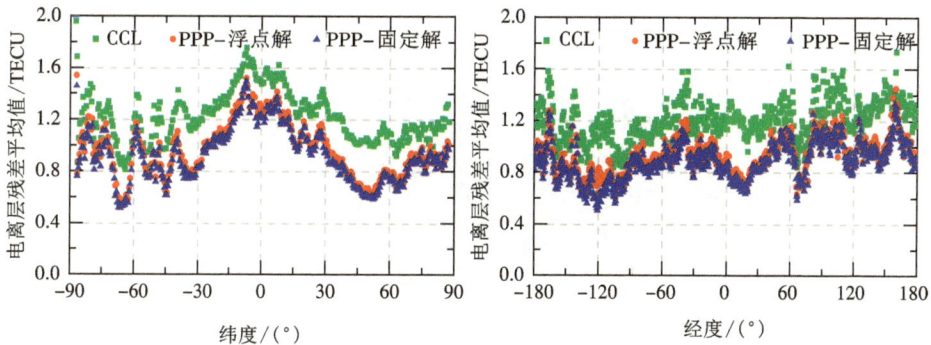

图 6.8　纬度向和经度向上的电离层观测值残差分布

6.4.2.2　电离层建模的外符合精度

　　为了评估本节估计的电离层格网产品精度，将三种结果与 CODE 最终产品进行比较分析。已有文献证明，CODE 最终的电离层产品精度为 2 ~ 8 TECU。每个格网点的残差一天内的平均值分布如图 6.9 所示。可以看到 PPP 方法在北半球高纬度地区有明显的改进。将 CCL、PPP 浮点解和 PPP 固定解三种方法得到的电离层格网与 CODE 比较，其 RMS 精度分别是 1.05 TECU、0.93 TECU 和 0.89 TECU。图 6.10 表明，模糊度固定解 7 天的结果始终保持较高的精度。表 6.6 中，相比于 CCL 方法，基于模糊度浮点解和固定解的电离层格网精度分别提高 9.2% 和 13.7%。

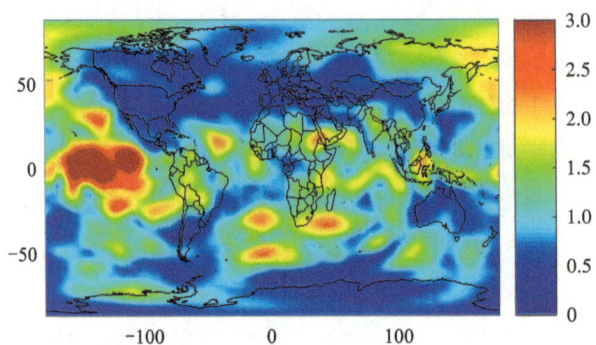

(a) CCL 方法结果

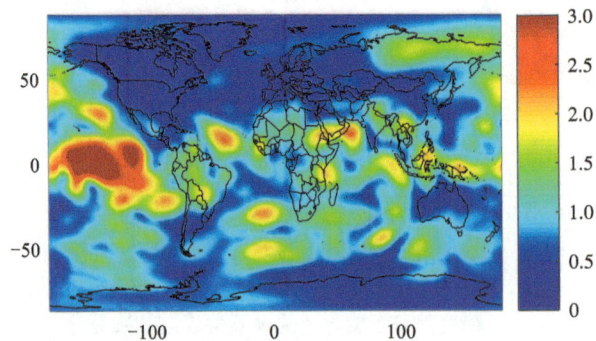

(b) PPP 浮点解方法结果

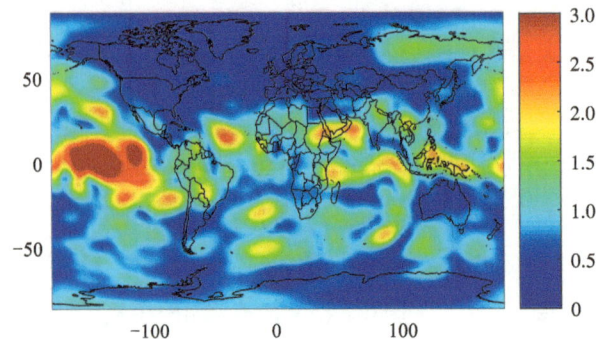

(c) PPP 固定解方法结果

图 6.9　三种方法建模的电离层格网 VTEC 与 CODE 结果比较

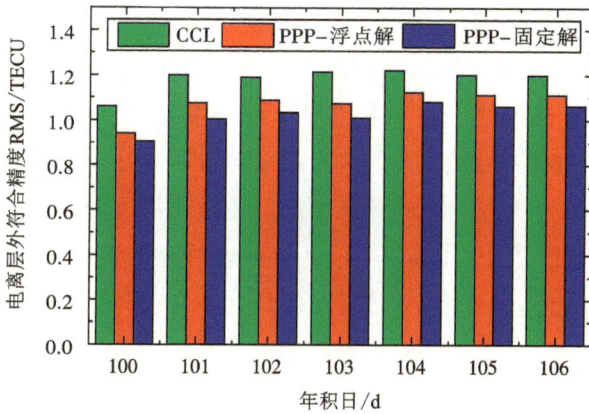

图 6.10　三种方法电离层格网结果 7 d 的精度统计

表 6.6　CCL、PPP 浮点解和固定解估计的电离层格网与 CODE 比较的平均残差 RMS

	CCL	PPP 浮点解	PPP 固定解
平均 RMS/TECU	1.184	1.075	1.022

　　为进一步分析，按照纬度和经度统计三种方法估计的电离层格网的外符合精度。图 6.11 中，在低纬度地区，电离层的 RMS 明显高于其他地区。而北半球的高纬度地区，基于 PPP 浮点解和固定解的电离层精度明显提高，特别是基于固定解的电离层精度最高。在赤道附近，电离层的精度约为 1.65 TECU，而在高纬度地区大约是 0.8 TECU。

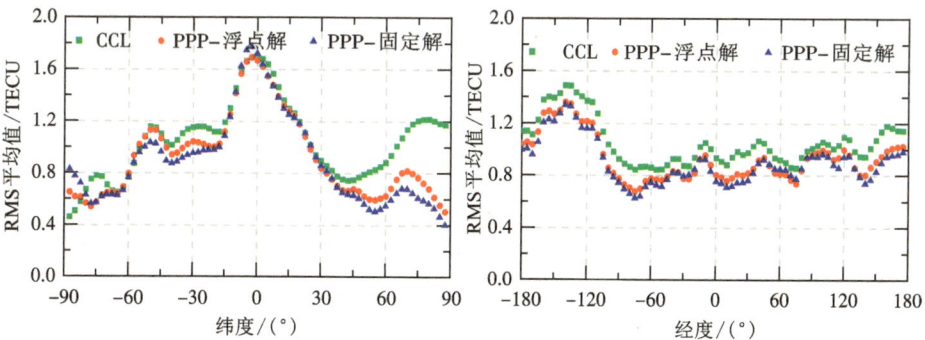

图 6.11　纬度向和经度向上的电离层精度分布

6.4.2.3 卫星 DCB 估计精度

本章电离层观测值中的卫星 DCB 未加改正，因此，实验中同时估计了卫星的 DCB 结果。图 6.12 给出了每颗卫星 7 天 DCB 结果 RMS 的平均值。通过与 CODE 的卫星 DCB 结果比较分析，7 天的平均结果表明，利用 PPP 方法提取的电离层观测值估计的卫星 DCB 精度最高。表 6.7 中，通过 RMS 精度分析，基于 PPP 固定解的精度是 0.026 ns，PPP 浮点解的精度是 0.035 ns，相比于 CCL 方法，分别实现 29.7% 和 5.4% 的精度提高。并且，固定解的精度相比于浮点解提高 25.7%。

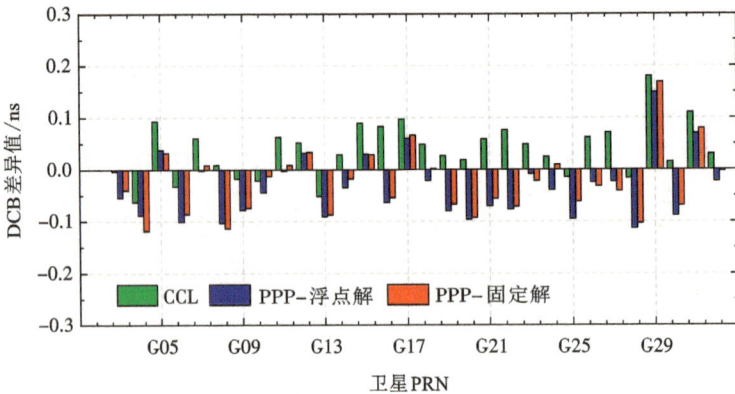

图 6.12 三种模型卫星 DCB 7 天结果的 RMS

表 6.7 卫星 DCB 结果的平均精度

	CCL	PPP 浮点解	PPP 固定解
平均 RMS/ns	0.037	0.035	0.026

6.4.3 本节小结

利用基于 CCL 方法、非组合 PPP 浮点解和固定解分别提取的电离层延迟进行电离层建模，三种方法得到的电离层格网结果具有明显的一致性。模糊度固定方法电离层建模的残差精度为 2.56 TECU，而浮点解对应的残差精度为 2.685 TECU，都优于 CCL 方法。通过与 CODE 的电离层产品比较，模糊度固定解方法的 RMS 为 0.89 TECU，优于浮点解和 CCL 方法。同时，基于固定解方法估计得到的卫星 DCB 精度达到 0.026 ns。实验结果表明，基于模糊度固定解方法的电离层建模和卫星 DCB 估计精度得到显著提升。

6.5　本章小结

本章针对 GNSS 误差中的电离层延迟估计进行了深入研究。除了卫星精密轨道和精密钟差产品的精度会影响 PPP 的定位精度，电离层延迟改正也是实现 PPP 高精度定位的一项重要的误差源。相比传统方法，非组合 PPP 模型直接估计电离层延迟，用于电离层全球格网建模和卫星 DCB 的估计。通过实现非组合 PPP 固定解，进一步提高电离层观测值的估计精度，从而进一步提高电离层的建模精度和卫星 DCB 估计精度，得到的主要结论如下：

（1）电离层观测值的估计精度通过零基线或者短基线之间的单差电离层观测值进行分析，基于模糊度固定解得到的电离层观测值精度明显提升。电离层观测值的历元精度达到 0.01 ns，基于非差模糊度固定解得到的高精度电离层观测值可用于探测接收机的 DCB 短时变化。基于 PPP 估计的电离层观测值的精度不受观测弧段长度的影响，避免了平滑滤波误差的影响。

（2）非组合 PPP 固定解估计的电离层延迟用于电离层建模，明显提高了建模精度，同时也提高了卫星 DCB 估计精度。首先，利用 CCL 方法、PPP 浮点解和固定解估计得到的电离层观测值进行电离层建模，将电离层结果与 CODE 的最终产品比较分析。结果表明，基于模糊度固定解的电离层建模精度明显得到提高，其 RMS 精度优于 1.022 TECU。

（3）利用 PPP 固定解提取的电离层延迟用于电离层建模的同时，卫星 DCB 的估计精度也得到提高。基于固定解估计得到的 DCB 精度是 0.026 ns，基于浮点解估计的 DCB 精度是 0.035 ns，固定解相比于浮点解提升 25.7%。

本章利用 GPS 数据验证了基于 PPP 模糊度固定解提取的电离层延迟可以明显提高电离层建模和卫星 DCB 估计的精度。利用本章的方法，可以进一步研究利用多系统观测数据进行电离层建模的精度以及多系统卫星 DCB 的估计。同时，基于非组合 PPP 模糊度固定解估计电离层延迟观测值来实现电离层建模的方法更加有利于实现实时电离层监测和评估建模。

参考文献

[1] 邹蓉. 地球参考框架建立和维持的关键技术研究[D]. 武汉：武汉大学, 2009.

[2] 张鹏. 利用GPS建立和维持中国区域地心坐标参考框架的理论与方法研究[D]. 武汉：武汉大学, 2013.

[3] 曾安敏. 地球参考框架确定与维持的数据处理理论与算法研究[D]. 郑州：解放军信息工程大学, 2017.

[4] 施闯, 魏娜, 李敏, 等. 利用北斗系统建立和维持国家大地坐标参考框架的方法研究[J]. 武汉大学学报(信息科学版), 2017, 42(11)：1635-1643.

[5] 姜中山. GNSS地壳形变与断层活动特征研究[D]. 成都：西南交通大学, 2018.

[6] 于立国, 毛继军. GPS技术在高等级城市控制网中的应用[J]. 测绘通报, 2005(9)：26-28.

[7] 王利, 张勤, 黄观文, 等. GPS PPP技术用于滑坡监测的试验与结果分析[J]. 岩土力学, 2014, 35(7)：2118-2124.

[8] 韩军强, 黄观文, 李哲. 复杂环境下GNSS滑坡监测多路径效应分析及处理方法[J]. 地球科学与环境学报, 2018, 40(3)：355-362.

[9] 黄观文, 黄观武, 杜源, 等. 一种基于北斗云的低成本滑坡实时监测系统[J]. 工程地质学报, 2018, 26(4)：1008-1016.

[10] 王利. 地质灾害高精度GPS监测关键技术研究[J]. 测绘学报, 2015, 44(7)：826.

[11] ZUMBERGE J F, HEFLIN M B, JEFFERSON D C, et al. Precise point positioning for the efficient and robust analysis of GPS data from large networks[J]. Journal of Geophysical Research：Solid Earth, 1997, 102(B3)：5005-5017.

[12] BISNATH S, GAO Y. Current State of Precise Point Positioning and Future Prospects and Limitations[G]. SIDERIS M G. Observing our Changing Earth. Berlin, Heidelberg：Springer Berlin Heidelberg, 2008, 133：615-623.

[13] 李征航, 吴秀娟. 全球定位系统(GPS)技术的最新进展 第四讲 精密单点定位(上)
[J]. 测绘信息与工程, 2002(5): 34-37.

[14] 祁芳. 卡尔曼滤波算法在 GPS 非差相位精密单点定位中的应用研究[D]. 武汉: 武汉
大学, 2003.

[15] 韩保民, 欧吉坤. 基于 GPS 非差观测值进行精密单点定位研究[J]. 武汉大学学报(信
息科学版), 2003(4): 409-412.

[16] 刘经南, 叶世榕. GPS 非差相位精密单点定位技术探讨[J]. 武汉大学学报(信息科学
版), 2002(3): 234-240.

[17] 方荣新, 施闯, 辜声峰. 基于 PPP 动态定位技术的同震地表形变分析[J]. 武汉大学
学报(信息科学版), 2009, 34(11): 1340-1343, 1358.

[18] 方荣新. 高采样率 GPS 数据非差精密处理方法及其在地震学中的应用研究[D]. 武
汉: 武汉大学, 2010.

[19] 李黎. 基于参考站网的实时快速 PPP 研究[D]. 长沙: 中南大学, 2012.

[20] 江楠. 精密定位若干误差分析及实时精密单点定位研究[D]. 西安: 长安大学, 2013.

[21] 潘宗鹏. 实时精密单点定位及模糊度固定[D]. 郑州: 解放军信息工程大学, 2015.

[22] 陈伟荣. 基于区域 CORS 增强的实时 PPP 关键技术研究[D]. 南京: 东南大学, 2016.

[23] 赵兴旺, 葛玉龙. GPS/Galileo 实时精密单点定位精度分析[J]. 大地测量与地球动力
学, 2019, 39(8): 816-820.

[24] 李星星, 张小红, 李盼. 固定非差整数模糊度的 PPP 快速精密定位定轨[J]. 地球物
理学报, 2012, 55(3): 833-840.

[25] 李星星. GNSS 精密单点定位及非差模糊度快速确定方法研究[D]. 武汉: 武汉大
学, 2013.

[26] 张小红, 李星星. 非差模糊度整数固定解 PPP 新方法及实验[J]. 武汉大学学报(信息
科学版), 2010, 35(6): 657-660.

[27] 李盼. GNSS 精密单点定位模糊度快速固定技术和方法研究[D]. 武汉: 武汉大
学, 2016.

[28] 郑艳丽. GPS 非差精密单点定位模糊度固定理论与方法研究[D]. 武汉: 武汉大
学, 2013.

[29] 刘帅, 孙付平, 郝万亮, 等. 整数相位钟法精密单点定位模糊度固定模型及效果分析
[J]. 测绘学报, 2014, 43(12): 1230-1237.

[30] GE M, GENDT G, ROTHACHER M, et al. Resolution of GPS carrier-phase ambiguities in
Precise Point Positioning (PPP) with daily observations[J]. Journal of Geodesy, 2008,

82(7)：389-399.

[31] 辜声峰. 多频 GNSS 非差非组合精密数据处理理论及其应用[D]. 武汉：武汉大学，2013.

[32] 李博峰. 无电离层组合、Uofc 和非组合精密单点定位观测模型比较[J]. 测绘学报，2015，44(7)：734-740.

[33] 周锋. 多系统 GNSS 非差非组合精密单点定位相关理论和方法研究[D]. 上海：华东师范大学，2018.

[34] 张小红，左翔，李盼. 非组合与组合 PPP 模型比较及定位性能分析[J]. 武汉大学学报(信息科学版)，2013，38(5)：561-565.

[35] 章红平，高周正，牛小骥，等. GPS 非差非组合精密单点定位算法研究[J]. 武汉大学学报(信息科学版)，2013，38(12)：1396-1399.

[36] 张宝成. GNSS 非差非组合精密单点定位的理论方法与应用研究[J]. 测绘学报，2014，43(10)：1099.

[37] PAN L, ZHANG X, GUO F, et al. GPS inter-frequency clock bias estimation for both uncombined and ionospheric-free combined triple-frequency precise point positioning [J]. Journal of Geodesy, 2019, 93(4)：472-487.

[38] LI H, LI B, XIAO G, et al. Improved method for estimating the inter-frequency satellite clock bias of triple-frequency GPS[J]. GPS Solutions, 2016, 20(4)：751-760.

[39] LI H, ZHOU X, WU B, et al. Estimation of the inter-frequency clock bias for the satellites of PRN25 and PRN01[J]. Science China Physics, Mechanics and Astronomy, 2012, 55(11)：2186-2193.

[40] PAN L, LI X, ZHANG X, et al. Considering Inter-Frequency Clock Bias for BDS Triple-Frequency Precise Point Positioning[J]. Remote Sensing, 2017, 9(7)：734.

[41] 聂文锋. 多系统 GNSS 全球电离层监测及差分码偏差统一处理[D]. 济南：山东大学，2019.

[42] KOUBA J, HÉROUX P. Precise Point Positioning Using IGS Orbit and Clock Products [J]. GPS Solutions, 2001, 5(2)：12-28.

[43] 张小红. 动态精度单点定位(PPP)的精度分析[J]. 全球定位系统，2006(1)：7-11, 22.

[44] 耿涛，赵齐乐，刘经南，等. 基于 PANDA 软件的实时精密单点定位研究[J]. 武汉大学学报(信息科学版)，2007(4)：312-315.

[45] GAO Y, SHEN X. A New Method for Carrier-Phase-Based Precise Point Positioning

［J］. Navigation, 2002, 49(2): 109-116.

［46］RODRIGO F L. GAPS: The GPS Analysis and Positioning Software-A Brief Overview ［C］. ION GNSS 2007, Fort Worth, Texas 2007: 1807-1811.

［47］RODRIGO F L. Precise Point Positioning with GPS-A new approach for Positioning, atmospheric studies, and signal analysis ［J］. Fredericton: University of New Brunswick, 2009.

［48］ZHANG B C, OU J, YUAN Y, et al. Extraction of line-of-sight ionospheric observables from GPS data using precise point positioning［J］. Science China Earth Sciences, 2012, 55(11): 1919-1928.

［49］张宝成, 欧吉坤, 袁运斌, 等. 基于GPS双频原始观测值的精密单点定位算法及应用 ［J］. 测绘学报, 2010, 39(5): 478-483.

［50］张宝成, 欧吉坤, 李子申, 等. 利用精密单点定位求解电离层延迟［J］. 地球物理学报, 2011, 54(4): 950-957.

［51］TU R, ZHANG H, GE M, et al. A real-time ionospheric model based on GNSS Precise Point Positioning［J］. Advances in Space Research, 2013, 52(6): 1125-1134.

［52］BANVILLE S, LANGLEY R B. Defining the Basis of an "Integer-Levelling" Procedure for Estimating Slant Total Electron Content［C］. ION ITM 2011. Portland, 2011: 2542-2551.

［53］THEMENS D R, JAYACHANDRAN P T, LANGLEY R B. The nature of GPS differential receiver bias variability: An examination in the polar cap region［J］. Journal of Geophysical Research: Space Physics, 2015, 120(9): 8155-8175.

［54］CHOI B K, LEE S J. The influence of grounding on GPS receiver differential code biases ［J］. Advances in Space Research, 2018, 62(2): 457-463.

［55］ZHANG B, TEUNISSEN P J G, YUAN Y. On the short-term temporal variations of GNSS receiver differential phase biases［J］. Journal of Geodesy, 2017, 91(5): 563-572.

［56］XIANG Y, GAO Y. Improving DCB Estimation Using Uncombined PPP［J］. Navigation, 2017, 64(4): 463-473.

［57］XIANG Y, GAO Y, SHI J, et al. Consistency and analysis of ionospheric observables obtained from three precise point positioning models［J］. Journal of Geodesy, 2019, 93(8): 1161-1170.

［58］GABOR M J, NEREM R S. GPS Carrier phase Ambiguity Resolution Using Satellite-Satellite Single Differences［C］. ION NTM 1999. Nashville, TN, USA: 1999: 1569-1578.

［59］GENG J, TEFERLE F N, SHI C, et al. Ambiguity resolution in precise point positioning with hourly data[J]. GPS Solutions, 2009, 13(4): 263-270.

[60] LAURICHESSE D, MERCIER F, BERTHIAS J P, et al. Integer Ambiguity Resolution on Undifferenced GPS Phase Measurements and Its Application to PPP and Satellite Precise Orbit Determination[J]. Navigation, 2009, 56(2): 135-149.

[61] COLLINS P. Precise point positioning with ambiguity resolution using the decoupled clock model[C]. ION GNSS 2008. Savannah, GA, USA, 2008: 1315-1322.

[62] GENG J, MENG X, DODSON A H, et al. Integer ambiguity resolution in precise point positioning: method comparison[J]. Journal of Geodesy, 2010, 84(9): 569-581.

[63] SHI J, GAO Y. A comparison of three PPP integer ambiguity resolution methods[J]. GPS Solutions, 2014, 18(4): 519-528.

[64] 赵兴旺, 张翠英. 相位偏差估计及其在 PPP 模糊度固定中的应用分析[J]. 大地测量与地球动力学, 2013, 33(5): 124-128, 132.

[65] 潘树国, 赵兴旺, 王庆. 单差 PPP 相位偏差估计方法及有效性分析[J]. 宇航学报, 2012, 33(4): 436-442.

[66] 焦博. 小数周偏差解算及其在精密单点定位中的应用研究[D]. 郑州: 战略支援部队信息工程大学, 2018.

[67] GENG J, SHI C, GE M, et al. Improving the estimation of fractional-cycle biases for ambiguity resolution in precise point positioning[J]. Journal of Geodesy, 2012, 86(8): 579-589.

[68] LI X, ZHANG X. Improving the Estimation of Uncalibrated Fractional Phase Offsets for PPP Ambiguity Resolution[J]. Journal of Navigation, 2012, 65(3): 513-529.

[69] HU J, ZHANG X, LI P, et al. Multi-GNSS fractional cycle bias products generation for GNSS ambiguity-fixed PPP at Wuhan University[J]. GPS Solutions, 2020, 24(1): 15.

[70] LI P, ZHANG X, REN X, et al. Generating GPS satellite fractional cycle bias for ambiguity-fixed precise point positioning[J]. GPS Solutions, 2016, 20(4): 771-782.

[71] GENG J, CHEN X, PAN Y, et al. A modified phase clock/bias model to improve PPP ambiguity resolution at Wuhan University [J]. Journal of Geodesy, 2019, 93 (10): 2053-2067.

[72] 魏二虎, 柴华, 刘经南. 关于 GPS 现代化进展及关键技术探讨[J]. 测绘通报, 2005(12): 5-7, 12.

[73] 魏二虎, 史冠军, 胡雪霁. GPS 现代化及其影响[J]. 测绘通报, 2005(7): 24-28, 35.

［74］ HATCH R, JUNG J, ENGE P, et al. Civilian GPS: The Benefits of Three Frequencies ［J］. GPS Solutions, 2000, 3(4): 1-9.

［75］ 胡志刚. 北斗卫星导航系统性能评估理论与试验验证［D］. 武汉: 武汉大学, 2013.

［76］ 杨元喜, 李金龙, 徐君毅, 等. 中国北斗卫星导航系统对全球 PNT 用户的贡献［J］. 科学通报, 2011, 56(21): 1734-1740.

［77］ FORSSELL B, HARRIS R A, MARTIN-NEIRA M. Carrier phase ambiguity resolution in GNSS-2［C］. ION GPS 1997. Kansas City, 1997, 10: 1727-1736.

［78］ LI B, FENG Y, SHEN Y. Three carrier ambiguity resolution: distance-independent performance demonstrated using semi-generated triple frequency GPS signals［J］. GPS Solutions, 2010, 14(2): 177-184.

［79］ ZHANG X, HE X. Performance analysis of triple-frequency ambiguity resolution with BeiDou observations［J］. GPS Solutions, 2016, 20(2): 269-281.

［80］ ENGE P, JUNG J, PERVAN B. High integrity carrier phase navigation for future LAAS using multiple civilian GPS signals［C］. Proceedings of the 1999 American Control Conference. 1999, 5: 3650-3654.

［81］ TEUNISSEN P. Zero Order Design: Generalized Inverses, Adjustment, the Datum Problem and S-Transformations［M］. Berlin, Heidelberg: Springer Berlin Heidelberg, 1985.

［82］ DE JONGE P J, TEUNISSEN P J G, JONKMAN N F, et al. The distributional dependence of the range on triple frequency GPS ambiguity resolution［C］. ION-NTM. 2000, 5: 10-15.

［83］ TEUNISSEN P, JOOSTEN P, TIBERIUS C. A comparison of TCAR, CIR and LAMBDA GNSS ambiguity resolution［C］. ION GPS 2002. Portland, OR, 2002: 2799-2808.

［84］ VOLLATH U. The Factorized Multi-Carrier Ambiguity Resolution (FAMCAR) Approach for Efficient Carrier-Phase Ambiguity Estimation［C］. ION NTM 2004. San Diego, California, 2004: 2499-2508.

［85］ FENG Y, RIZOS C. Three carrier approaches for future global, regional and local GNSS positioning services: concepts and performance perspectives［C］. ION GNSS 2005. Citeseer, 2005, 16: 2277-2278.

［86］ HATCH R. A new three-frequency, geometry-free technique for ambiguity resolution ［C］. ION NTM 2006. Fort Worth, TX, 2006: 309-316.

［87］ CAO W, CANNON M E, ELIZABETH M, et al. Partial Ambiguity Fixing within Multiple Frequencies and Systems［C］. ION GNSS 2007, Fort Worth, TX, 2007: 31-2-323.

[88] COCARD M, BOURGON S, KAMALI O, et al. A systematic investigation of optimal carrier-phase combinations for modernized triple-frequency GPS[J]. Journal of Geodesy, 2008, 82(9): 555-564.

[89] FENG Y. GNSS three carrier ambiguity resolution using ionosphere-reduced virtual signals [J]. Journal of Geodesy, 2008, 82(12): 847-862.

[90] MONTENBRUCK O, HAUSCHILD A, STEIGENBERGER P, et al. Initial assessment of the COMPASS/BeiDou-2 regional navigation satellite system[J]. GPS Solutions, 2013, 17(2): 211-222.

[91] ODOLINSKI R, TEUNISSEN P J G, ODIJK D. First combined COMPASS/BeiDou-2 and GPS positioning results in Australia. Part I: single-receiver and relative code-only positioning[J]. Journal of Spatial Science, 2014, 59(1): 3-24.

[92] TEUNISSEN P J G, ODOLINSKI R, ODIJK D. Instantaneous BeiDou+GPS RTK positioning with high cut-off elevation angles[J]. Journal of Geodesy, 2014, 88(4): 335-350.

[93] NADARAJAH N, TEUNISSEN P J G, RAZIQ N. Instantaneous BeiDou-GPS attitude determination: A performance analysis[J]. Advances in Space Research, 2014, 54(5): 851-862.

[94] GENG J, MENG X, DODSON A H, et al. Rapid re-convergences to ambiguity-fixed solutions in precise point positioning[J]. Journal of Geodesy, 2010, 84(12): 705-714.

[95] BERTIGER W, DESAI S D, HAINES B, et al. Single receiver phase ambiguity resolution with GPS data[J]. Journal of Geodesy, 2010, 84(5): 327-337.

[96] COLLINS P. Isolating and Estimating Undifferenced GPS Integer Ambiguities[C]. ION NTM 2008. San Diego, CA, 2008: 720-732.

[97] LANDAU H, BRANDL M, CHEN X, et al. Towards the Inclusion of Galileo and BeiDou/Compass Satellites in Trimble CenterPoint RTX[C]. ION GNSS 2013. Nashville, TN, 2013: 1215-1223.

[98] TEGEDOR J, ØVSTEDAL O. Triple carrier precise point positioning (PPP) using GPS L5[J]. Survey Review, 2014, 46(337): 288-297.

[99] TEUNISSEN P J G, KHODABANDEH A. Review and principles of PPP-RTK methods [J]. Journal of Geodesy, 2015, 89(3): 217-240.

[100] HENKEL P, GUNTHER C. Precise point positioning with multiple Galileo frequencies [C]. IEEE/On Position, Location and Navigation Symposium, 2008: 592-599.

[101] ELSOBEIEY M. Precise Point Positioning using Triple-Frequency GPS Measurements

［J］. Journal of Navigation, 2015, 68(3): 480-492.

［102］DEO M, EL-MOWAFY A. Triple-frequency GNSS models for PPP with float ambiguity estimation: performance comparison using GPS［J］. Survey Review, 2016, 50 (360): 249-261.

［103］GUO F, ZHANG X, WANG J, et al. Modeling and assessment of triple-frequency BDS precise point positioning［J］. Journal of Geodesy, 2016, 90(11): 1223-1235.

［104］GENG J, BOCK Y. Triple-frequency GPS precise point positioning with rapid ambiguity resolution［J］. Journal of Geodesy, 2013, 87(5): 449-460.

［105］GU S, LOU Y, SHI C, et al. BeiDou phase bias estimation and its application in precise point positioning with triple-frequency observable［J］. Journal of Geodesy, 2015, 89(10): 979-992.

［106］LI X, LI X, LIU G, et al. Triple-frequency PPP ambiguity resolution with multi-constellation GNSS: BDS and Galileo［J］. Journal of Geodesy, 2019, 93(8): 1105-1122.

［107］LI P, ZHANG X, GE M, et al. Three-frequency BDS precise point positioning ambiguity resolution based on raw observables［J］. Journal of Geodesy, 2018, 92(12): 1357-1369.

［108］XIAO G, LI P, GAO Y, et al. A Unified Model for Multi-Frequency PPP Ambiguity Resolution and Test Results with Galileo and BeiDou Triple-Frequency Observations ［J］. Remote Sensing, 2019, 11(2): 116.

［109］PAN L, ZHANG X, LI X, et al. Characteristics of inter-frequency clock bias for Block IIF satellites and its effect on triple-frequency GPS precise point positioning［J］. GPS Solutions, 2017, 21(2): 811-822.

［110］ZHANG X, WU M, LIU W, et al. Initial assessment of the COMPASS/BeiDou-3: new-generation navigation signals［J］. Journal of Geodesy, 2017, 91(10): 1225-1240.

［111］HATCH R. The synergism of GPS code and carrier measurements［C］. International Geodetic Symposium on Satellite Doppler Positioning, 1983, 2: 1213-1231.

［112］MELBOURNE W. The case for ranging in GPS-based geodetic systems［C］. First international symposium on precise positioning with global positioning system. Rockville, 1985: 373-386.

［113］WUBBENA G. Software Developments for Geodetic Positioning with GPS Using TI 4100 Code and Carrier Measurements［J］. Proceedings 1st International Symposium on Precise Positioning with the Global Positioning System, 1985: 403-412.

［114］董大南, 陈俊平, 王解先. GNSS 高精度定位原理［M］. 北京: 科学出版社, 2018.

[115] TEUNISSEN P. Least-Squares Estimation of the Integer GPS Ambiguities [M]. In: Proceedings of first international symposium on precise positioning with the Global position system, Rockville, 1993, 4: 15-19.

[116] AGGREY J, SEEPERSAD G, BISNATH S. Performance Analysis of Atmospheric Constrained Uncombined Multi-GNSS PPP[C]. ION GNSS 2017. Portland, Oregon: 2017: 2191-2203.

[117] CHEN K, GAO Y. Real-Time Precise Point Positioning Using Single Frequency Data [C]. ION GNSS 2005. Long Beach, CA: 2005: 1514-1523.

[118] ODIJK D, ZHANG B, KHODABANDEH A, et al. On the Estimability of Parameters in Undifferenced, Uncombined GNSS Network and PPP-RTK User Models by Means of S-system Theory[J]. Journal of Geodesy, 2016, 90(1): 15-44.

[119] XIAO G, SUI L, HECK B, et al. Estimating satellite phase fractional cycle biases based on Kalman filter[J]. GPS Solutions, 2018, 22(3): 82.

[120] GAYATRI A. Handling the Biases for Improved Triple-Frequency Carrier-Phase Ambiguity Resolution PPP Convergence for GNSS[J]. International Journal of Emerging Trends in Engineering Research, 2015, 3(6): 280-287.

[121] CHENG S, WANG J, PENG W. Statistical analysis and quality control for GPS fractional cycle bias and integer recovery clock estimation with raw and combined observation models[J]. Advances in Space Research, 2017, 60(12): 2648-2659.

[122] DE LACY M C, REGUZZONI M, SANSÕ F. Real-time cycle slip detection in triple-frequency GNSS[J]. GPS Solutions, 2012, 16(3): 353-362.

[123] ZHANG X, LI P. Benefits of the third frequency signal on cycle slip correction[J]. GPS Solutions, 2016, 20(3): 451-460.

[124] LIU T, YUAN Y, ZHANG B, et al. Multi-GNSS precise point positioning (MGPPP) using raw observations[J]. Journal of Geodesy, 2017, 91(3): 253-268.

[125] LI X, GE M, ZHANG H, et al. A method for improving uncalibrated phase delay estimation and ambiguity-fixing in real-time precise point positioning[J]. Journal of Geodesy, 2013, 87(5): 405-416.

[126] LI X, LI X, YUAN Y, et al. Multi-GNSS phase delay estimation and PPP ambiguity resolution: GPS, BDS, GLONASS, Galileo[J]. Journal of Geodesy, 2018, 92(6): 579-608.

[127] WANG M, GAO Y. An Investigation on GPS Receiver Initial Phase Bias and Its

Determination[C]. ION GNSS 2007. San Diego, CA, USA: 2007: 873-880.

[128] ZHANG B, CHEN Y, YUAN Y. PPP-RTK based on undifferenced and uncombined observations: theoretical and practical aspects[J]. Journal of Geodesy, 2018.

[129] ZHOU F, DONG D, LI W, et al. GAMP: An open-source software of multi-GNSS precise point positioning using undifferenced and uncombined observations[J]. GPS Solutions, 2018, 22(2): 33.

[130] HERNÁNDEZ-PAJARES M, JUAN J M, SANZ J, et al. The IGS VTEC maps: a reliable source of ionospheric information since 1998[J]. Journal of Geodesy, 2009, 83(3): 263-275.

[131] WANG N, YUAN Y, LI Z, et al. Determination of differential code biases with multi-GNSS observations[J]. Journal of Geodesy, 2016, 90(3): 209-228.

[132] SANZ J, MIGUEL JUAN J, ROVIRA-GARCIA A, et al. GPS differential code biases determination: methodology and analysis[J]. GPS Solutions, 2017, 21(4): 1549-1561.

[133] ZHANG B, TEUNISSEN P J G, YUAN Y, et al. A modified carrier-to-code leveling method for retrieving ionospheric observables and detecting short-term temporal variability of receiver differential code biases[J]. Journal of Geodesy, 2019, 93(1): 19-28.

[134] ZHA J, ZHANG B, YUAN Y, et al. Use of modified carrier-to-code leveling to analyze temperature dependence of multi-GNSS receiver DCB and to retrieve ionospheric TEC [J]. GPS Solutions, 2019, 23(4): 103.

[135] LI M, YUAN Y, WANG N, et al. Estimation and analysis of the short-term variations of multi-GNSS receiver differential code biases using global ionosphere maps[J]. Journal of Geodesy, 2018, 92(8): 889-903.

[136] KLOBUCHAR J A. Ionospheric Time-Delay Algorithm for Single-Frequency GPS Users [J]. IEEE Transactions on Aerospace and Electronic Systems, 1987, AES-23(3): 325-331.

[137] SCHAER S. Mapping and Predicting the Earth's Ionosphere Using the Global Positioning System[D]. Switzerland: University of Berne, 1999.

[138] ROVIRA-GARCIA A, JUAN J M, SANZ J, et al. A Worldwide Ionospheric Model for Fast Precise Point Positioning[J]. IEEE Transactions on Geoscience and Remote Sensing, 2015, 53(8): 4596-4604.

[139] XU G, XU Y. GPS: Theory, Algorithms and Applications[M]. 3 版. Berlin Heidelberg: Springer-Verlag, 2016.

[140] BRUNINI C. , AZPILICUETA F. GPS slant total electron content accuracy using the single layer model under different geomagnetic regions and ionospheric conditions[J]. Journal of Geodesy, 2010, 84(5): 293-304.

[141] CIRAOLO L, AZPILICUETA F, BRUNINI C, et al. Calibration errors on experimental slant total electron content (TEC) determined with GPS[J]. Journal of Geodesy, 2007, 81(2): 111-120.

[142] DYRUD L, JOVANCEVIC A, BROWN A, et al. Ionospheric measurement with GPS: Receiver techniques and methods[J]. Radio Science, 2008, 43(6).

[143] LIU T, ZHANG B, YUAN Y, et al. Real-Time Precise Point Positioning (RTPPP) with raw observations and its application in real-time regional ionospheric VTEC modeling [J]. Journal of Geodesy, 2018, 92(11): 1267-1283.

图书在版编目（CIP）数据

GNSS 多频精密单点定位及模糊度固定算法 / 王进等编著. --长沙：中南大学出版社，2025.6. --ISBN 978-7-5487-6280-5

Ⅰ. P228.4

中国国家版本馆 CIP 数据核字第 2025RY6427 号

GNSS 多频精密单点定位及模糊度固定算法
GNSS DUOPIN JINGMI DANDIAN DINGWEI JI MOHUDU GUDING SUANFA

王进　李芳馨　涂锐　张鹏飞　编著

□ 出 版 人	林绵优	
□ 责任编辑	刘　辉	
□ 责任印制	唐　曦	
□ 出版发行	中南大学出版社	
	社址：长沙市麓山南路	邮编：410083
	发行科电话：0731-88876770	传真：0731-88710482
□ 印　　装	广东虎彩云印刷有限公司	

□ 开　　本	710 mm×1000 mm 1/16	□ 印张 10.25	□ 字数 176 千字
□ 版　　次	2025 年 6 月第 1 版	□ 印次 2025 年 6 月第 1 次印刷
□ 书　　号	ISBN 978-7-5487-6280-5	
□ 定　　价	88.00 元	